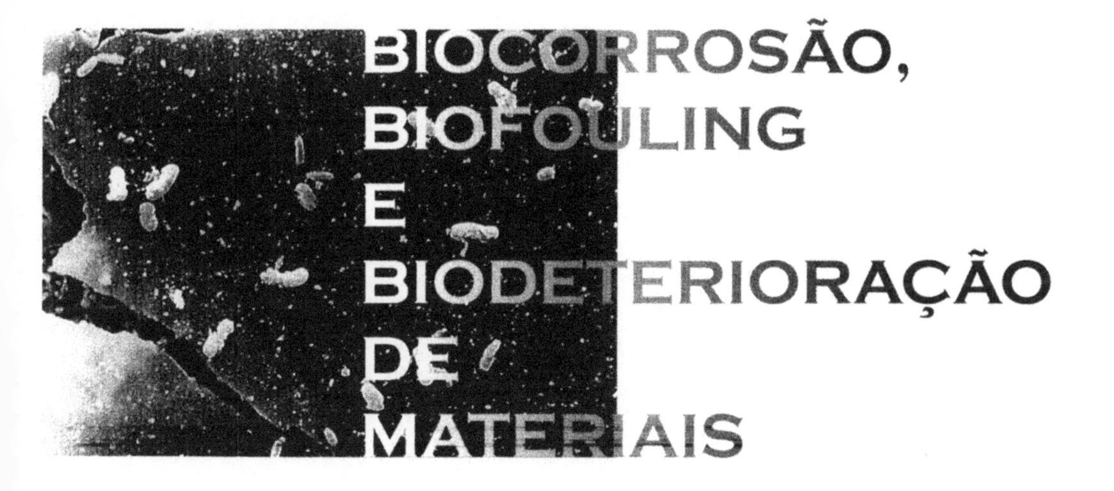

BIOCORROSÃO, BIOFOULING E BIODETERIORAÇÃO DE MATERIAIS

Blucher

Héctor A. Videla

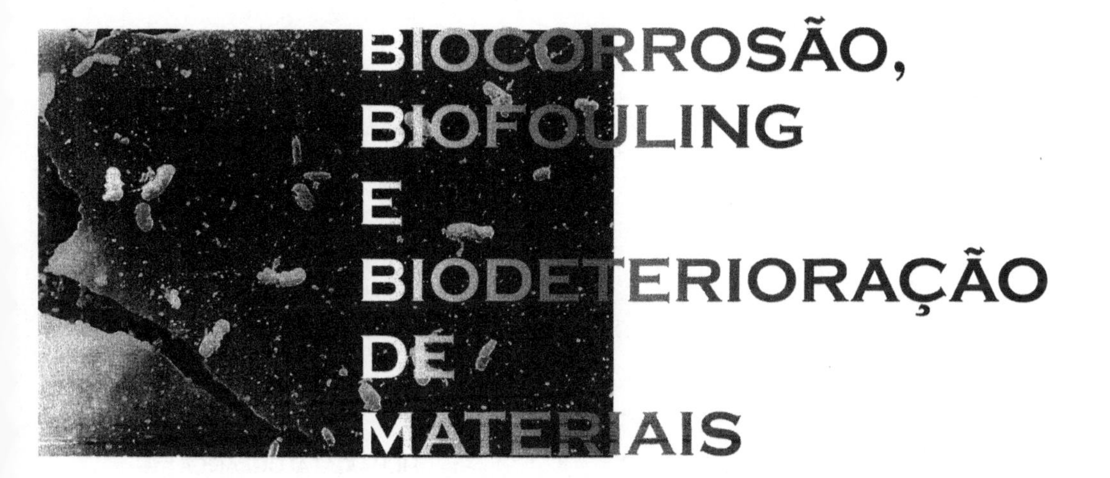

Tradutores

Dr. Biagio Fernando Giannetti
Dra. Cecília M. Villas Bôas de Almeida
Dra. Cynthia Jurkiewicz Kunigk

Biocorrosão
© 2003 Héctor A. Videla
1ª edição - 2003
1ª reimpressão - 2018
Editora Edgard Blücher Ltda.

Blucher

Rua Pedroso Alvarenga, 1245, 4º andar
04531-934 - São Paulo - SP - Brasil
Tel.: 55 11 3078-5366
contato@blucher.com.br
www.blucher.com.br

Segundo o Novo Acordo Ortográfico, conforme 5. ed. do *Vocabulário Ortográfico da Língua Portuguesa*, Academia Brasileira de Letras, março de 2009.

FICHA CATALOGRÁFICA

Videla, Héctor A.

Biocorrosão, biofouling e biodeterioração de materiais / Héctor A. Videla; tradução de Biagio Fernando Giannetti, Cecília M. Villas Bôas de Almeida, Cymthia Jurkiewicz Kunigk. - São Paulo: Blucher, 2017.

160 p. : il.

Bibliografia

ISBN 978-85-212-0311-7

1. Metais - Biodegradação 2. Lixiviação bacteriana 3. Corrosão 4. Materiais - Corrosão 5. Metais - Corrosão 6. Eletroquímica I. Título II. Giannetti, Biagio Fernando III. Almeida, Cecília M. Villas Bôas de IV. Kunigk, Cymthia Jurkiewicz

17-1944 CDD 620.1623

Índices para catálogo sistemático:

1. Metais - Biodegradação

À memória de

RoyalSiam Titania

e

RoyalSiam Zannah

Prefácio

Há 25 anos, iniciávamos nossa linha de pesquisa em corrosão microbiológica na "Sección Bioelectroquímica del INIFTA (Instituto de Investigaciones Fisicoquímicas Teoricas y Aplicadas)" pertencente ao "Departamento de Química de la Faculdad de Ciencias Exactas de la Universidad Nacional de la Plata", Argentina. Tínhamos como antecedente 5 anos de trabalho em cinética eletroquímica sob a direção do Professor Alejandro J. Arvia (que foi orientador de nossa tese de doutorado e nos deu alento para desenvolver uma linha de pesquisa no campo biológico) e 5 anos de pesquisa em bioeletroquímica na área de células biocombustíveis.

Com essa experiência prévia em eletroquímica aplicada a processos biológicos, intuímos, na metade da década de 70, que a corrosão microbiológica era ainda um campo quase inexplorado, de importantíssima relevância para a indústria e a área de serviços, na qual havia muito a pesquisar, aplicar e especialmente esclarecer conceitualmente. O difícil desafio a superar era conseguir a complementação e integração de conhecimentos de áreas dissímiles como a microbiologia, a eletroquímica, os fenômenos de superfície e a metalurgia. Essas quatro áreas de especialidade, citando somente as mais relevantes, abrangem diferentes elementos participantes do processo de corrosão microbiológica ou biocorrosão: o substrato metálico, sua interfase com o meio líquido e os protagonistas principais do fenômeno, os microrganismos.

Nos finais da década de 70, apresentamos nossa primeira comunicação sobre biocorrosão no 7.º Congresso Internacional de Corrosão e Proteção organizado pela ABRACO (Associação Brasileira de Corrosão) no Rio de Janeiro, em outubro de 1978. Quase em seguida, publicamos nossos primeiros trabalhos na Revista de la Asociación Química Argentina e no International Biodeterioration Bulletin (atualmente International Biodeterioration & Biodegradation).

Já no início da década de 80, proferimos um curso de pós-graduação sobre corrosão microbiológica no Instituto de Química da Universidade de São Paulo (USP) e preparamos a primeira versão deste livro, para o qual contamos com o inestimável apoio e aconselhamento do Professor Walter Borzani (professor da USP neste período).

A partir desta época, seria difícil enumerar — sem o risco de cometer omissões – todos os eventos e contatos pessoais que foram direcionando nossa pesquisa em biocorrosão durante as duas últimas décadas. Somente para citar cronologicamente eventos pioneiros, mencionarei o primeiro Workshop sobre Biodeterioração de Materiais, celebrado em La Plata, abril de 1985, com o apoio do CONICET da Argentina e a National Science Foundation dos Estados Unidos, onde não somente tivemos a honra de organizar e coordenar essa reunião, mas também de contar — como representantes da delegação estadunidense — com os prestigiosos especialistas: Bill Characklis, Steve C. Dexter (coordenador), David Duquette, Warren Iverson, Brenda Little, Dan Pope e David White que reencontramos, pouco tempo depois, na primeira reunião internacional sobre Biologically Induced Corrosion organizada pela NACE International, em Gaithersburg, MD (julho de 1985).

A partir de então, foram muitos colegas do exterior que acompanharam nossa carreira e com alguns foi desenvolvida uma sincera amizade que transcendeu os limites do meramente científico; Manuel Morcillo e Cesáreo Saiz Jiménez na Espanha, Robert Edyvean, Christine Gaylarde e Iwona Beech no Reino Unido, Vittoria Scotto, Alfonso Mollica e Sebastiano Geraci na Itália, Bill Characklis e Steve Dexter nos Estados Unidos, Guillermo Hernández e Lorenzo Martínez no México, Oladis Rincón e Matilde Romero na Venezuela, e muitos colegas e amigos do Brasil (país que considero minha segunda pátria): Leonardo Uller, Soelly M. do Valle, Renato Silva, José Paulo Bolsonaro, Juan Carlos Staibano, entre outros. Também não quero esquecer dos que foram meus discípulos e são agora colegas no INIFTA: Roberto Salvarezza, Mónica Fernández Lorenzo, Patricia Guiamet, Sandra Gómez e muitos mais.

No presente e olhando para o futuro, quero mencionar o nome daquela que considero minha herdeira científica e depositária de toda minha experiência em se tratando de biocorrosão e biodeterioração de materiais: a Engenheira Liz Karen Herrera da Universidade de Antioquia, Medellin, Colombia.

Durante a década de 80, uma das contribuições mais valiosas para nossa experiência em biocorrosão foi o vínculo de consultor na empresa Aquatec, uma das líderes no tratamento de águas industriais no Brasil, que não somente apoiou de forma inestimável nossa pesquisa, mas proporcionou muitos contatos e vivências no campo aplicado tanto em planta como em campo.

No início da década de 90, os conceitos básicos e o entendimento sobre a biocorrosão foram adquirindo maior reconhecimento internacional com a organização cada vez mais freqüente de conferências, workshops, sessões técnicas especiais em congressos ou grupos especializados de trabalho, por parte de organizações mais relevantes dentro da corrosão e da biodeterioração de materiais como a NACE International de Houston, TX, a International Biodeterioration Society do Reino Unido, a ASTM de West Conshohocken, Philadelphia, PA, etc.

A conscientização sobre a importância dos fenômenos de aderência microbiana às superfícies e suas conseqüências, a formação de biofilmes e os depósitos de biofouling, significou um grande avanço na compreensão da biocorrosão e da interfase metal/solução biologicamente condicionada. Recentemente, o uso de metodologias e instrumentação avançada, na microbiologia, na eletroquímica e no estudo de fenômenos de superfície permitiu consolidar um notório progresso no entendimento da biocorrosão.

Na nova versão deste livro, procuramos preservar a forma fácil e acessível de leitura para o leitor não especializado e a condição de síntese que caracterizaram a versão original, procurando oferecer uma versão atualizada da biocorrosão e suas implicações industriais no estado de conhecimento do início do novo milênio.

Dr. Héctor A. Videla
Professor Titular Físico-química
Investigador cat. I (UNLP)
Argentina

Conteúdo

O AUTOR

Dr. Héctor A. Videla
Departamento de Química, Faculdade de Ciências Exatas, Universidade de La Plata, Argentina.

Héctor A. Videla é professor titular de físico-química na Universidade de La Plata, Argentina, pesquisador senior no Instituto de Físico-Química Pura e Aplicada. É Ph.D em bioquímica da Universidade de La Plata, onde iniciou e liderou pesquisas em várias áreas, como células biocombustíveis, biomateriais, biodeterioração de materiais e biocorrosão, desde 1975. Publicou mais de 250 artigos em revistas científicas, mais de 350 comunicações em congressos internacionais e 5 livros sobre biocorrosão. É co-editor de 20 livros sobre biocorrosão e biodeterioração e de livros de resumos de conferências internacionais. No momento, é o coordenador internacional da rede de pesquisa XV-E CYTED sobre a Biodeterioração do Patrimônio Cultural, editor temático do International Biodeterioration and Biodegradation, diretor internacional para a América Latina da NACE International (2003-2006) e membro do conselho internacional da Biodeterioration Society (UK).

Em 2001 recebeu o prêmio NACE FELLOW da NACE INTERNATIONAL em Houston, Texas, EUA.

Tradutores

Dr. Biagio Fernando Giannetti

Químico pela FFCLSBC, mestre em Ciências (área de concentração: Físico-Química) pelo IQ-USP, doutor em Ciências (área de concentração: Físico-Química) pelo IQ-USP. Professor titular do ICET e do Programa de Pós-Graduação em Engenharia de Produção da Universidade Paulista - UNIP. Professor convidado da Escola de Engenharia Mauá - EEM. Coordenador do LaFTA (Laboratório de Físico-Química Teórica e Aplicada) e do Curso de Engenharia Química da Universidade Paulista - UNIP.

Dra. Cecília M. Villas Bôas de Almeida

Engenheira Química pela Escola de Engenharia da Universidade Mackenzie, mestre em Ciências (área de concentração: Físico-Química) pelo IQ-USP, doutora em Ciências (área de concentração: Físico-Química) pelo IQ-USP. Professora titular do ICET e do Programa de Pós-Graduação em Engenharia de Produção da Universidade Paulista - UNIP. Pesquisadora do LaFTA (Laboratório de Físico-Química Teórica e Aplicada) e coordenadora do Curso de Engenharia Química da Universidade Paulista – UNIP.

Dra. Cynthia Jurkiewicz Kunigk

Engenheira Química pela Escola de Engenharia Mauá, mestre em Engenharia pela EP-USP (área de concentração: Engenharia Química), doutora em ciência dos alimentos pela Faculdade de Ciências Farmacêuticas da USP. Professora Associada da Escola de Engenharia Mauá.

Capítulo 1

Introdução

A natureza eletroquímica da corrosão metálica continua presente na corrosão microbiológica. Os microrganismos participam de forma ativa no processo, mas sem modificar as características da reação eletroquímica (1). Temos, assim, um processo anódico de dissolução metálica e um processo catódico complementar, o qual, dependendo das características do meio (pH, aeração, composição química, etc.), transcorrerá por meio de algumas das reações catódicas possíveis: redução de oxigênio (em meio aerado e pH aproximadamente neutro) ou redução de prótons (em meio não-aerado e pH ácido) (2).

Os microrganismos modificam a interfase metal/solução para *induzir, acelerar e/ou inibir* o processo anódico ou catódico que controla a reação de corrosão. Às vezes, a influência microbiana pode ser sinergética sobre as reações, favorecendo uma reação em detrimento da outra ou, ainda, inibindo-as completamente.

Para esclarecer esses conceitos, vamos comparar dois processos de corrosão, um *inorgânico* e outro *biológico*.

O primeiro, inorgânico, é exemplificado por uma gota de água depositada sobre um metal (ferro, por exemplo). A reação de corrosão transcorre sobre o metal na região anódica, localizada sob a gota de água (Fig. 1-1), onde a aeração é menor. Na parte externa, onde a oferta de oxigênio é maior, a reação catódica ocorre pela redução de oxigênio. O mecanismo desse processo baseia-se na diferença de concentração de oxigênio nas duas regiões (anódica menos aerada e catódica mais aerada), que facilita a formação de uma célula de aeração diferencial.

O processo biológico é ilustrado por uma colônia microbiana crescendo sobre uma superfície metálica (Fig. 1-2). Observa-se, na figura, a notável semelhança com o processo anterior. Nesse caso, também se origina uma região anaeróbia sob a colônia, devido ao consumo de oxigênio pela respiração microbiana (supondo-se tratar de microrganismos aeróbios), e uma outra região, mais oxigenada, na parte externa da colônia, em contato com o meio líquido aerado.

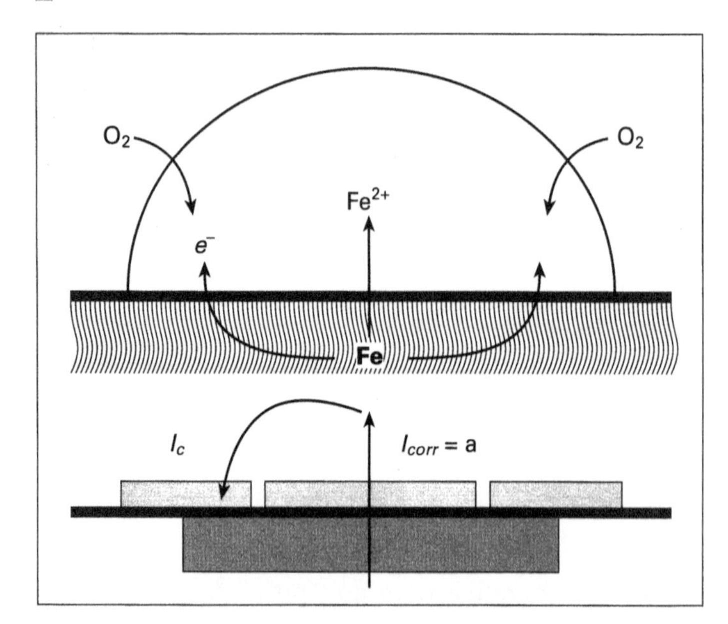

Figura 1-1
Esquema da corrosão inorgânica (ferro sob uma gota de água). Vêem-se as regiões anódicas e catódicas e o gradiente de concentração de oxigênio entre ambas, que origina uma célula de aeração diferencial. [Ref. (4), com permissão da CRC Lewis Publishers, Boca Raton, FL, EUA.]

A reação catódica é a mesma do caso inorgânico. A diferença fundamental é que os microrganismos *induzem* e *mantêm* o gradiente de concentração de oxigênio por um processo biológico (respiração). Esse gradiente de concentração de oxigênio acelera ativamente a reação de corrosão, por via catódica, enquanto a respiração estiver ativa (3, 4). Se ocorrer a morte dos microrganismos, o mecanismo de aeração diferencial será preservado, pois continuarão existindo gradientes de concentração de oxigênio (porém menores) entre a parte inferior do depósito e sua parte externa.

Além do poder indutor e acelerador dos microrganismos sobre o processo de corrosão, outras reações de redução são possíveis (reação catódica); por exemplo, a redução de hidrogênio sulfetado, produzido metabolicamente pelas bactérias sulfato-redutoras, muito freqüentes nos casos de corrosão microbiológica.

Com esses exemplos simples podemos compreender casos de biocorrosão por formação de tubérculos (em que participam as bactérias oxidantes de ferro) ou a formação de gradientes de concentração de oxigênio nos biofilmes microbianos, como veremos mais adiante. Entretanto é de extrema importância conhecermos quão ativa é a influência dos microrganismos na reação de corrosão.

Várias características anatômicas e fisiológicas dos microrganismos podem nos oferecer respostas, porém vamos nos fixar em quatro das mais relevantes:

- grande velocidade de reprodução;
- alta relação superfície/volume;
- alta atividade e flexibilidade metabólica de troca com o meio;
- distribuição uniforme no ambiente.

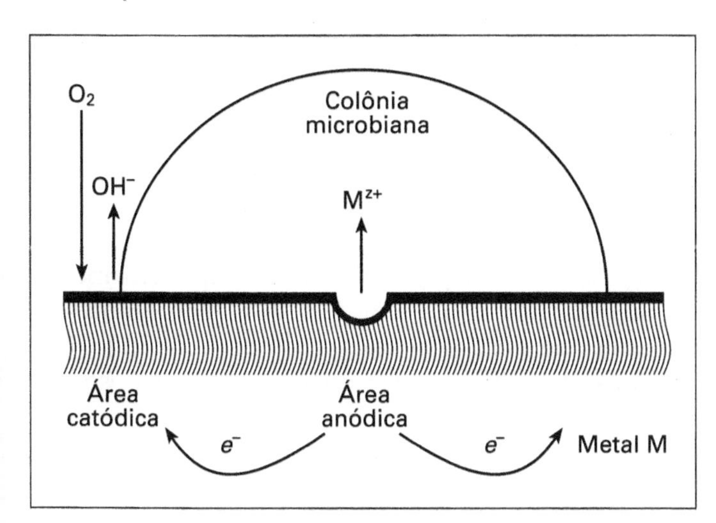

Figura 1-2
Esquema da corrosão microbiológica (ferro sob uma colônia microbiana). Pode-se observar que a dissolução metálica ocorre por um mecanismo semelhante ao mostrado na Fig. 1-1 (célula de aeração diferencial). [Ref. (4), com permissão da CRC Lewis Publishers, Boca Raton, FL, EUA.]

VELOCIDADE DE REPRODUÇÃO

As bactérias se reproduzem por divisão binária e sua multiplicação corresponde a uma progressão geométrica: $2^0 \rightarrow 2^1 \rightarrow 2^2 \ldots 2^n$. Dessa forma, o número de células aumenta, a cada intervalo de tempo, segundo um fator constante que caracteriza o crescimento do tipo exponencial (ver Cap. 4).

Para ilustrar, diremos que uma bactéria com um tempo de geração médio de 30 minutos, aumentará exponencialmente seu número em seis ordens de magnitude e cada bactéria gerará, em apenas 10 horas, 1 milhão de bactérias. Isso repercutirá na segunda característica.

RELAÇÃO SUPERFÍCIE/VOLUME

Se estamos considerando organismos muito pequenos, com diâmetro médio da ordem de um milésimo de milímetro (1 μm), a relação entre área superficial e volume é muito grande. Se dividirmos um cubo de 1 cm^3 em cubos de 1 μm^3 (volume médio das bactérias), o cubo original produzirá 10^{12} cubos e sua superfície será 10 mil vezes maior. O efeito é semelhante ao que ocorre quando incorporamos um catalisador para acelerar uma reação química, buscando que sua superfície seja a maior possível para aumentar sua eficiência.

ATIVIDADE E FLEXIBILIDADE METABÓLICA

A elevada relação superfície/volume conduz a uma interação ativa com o meio ambiente por causa da alta velocidade metabólica de muitos microrganismos e sua flexibilidade enzimática.

DISTRIBUIÇÃO UNIFORME NO AMBIENTE

A ampla distribuição dos microrganismos na natureza é também conseqüência de seu tamanho reduzido, já que os encontramos em todos os meios aquosos e até mesmo nas altas camadas da atmosfera. Devido ao seu reduzido peso, os microrganismos são transportados por correntes de ar, podendo-se dizer que, virtualmente, são onipresentes. O ambiente somente condiciona quais espécies podem se reproduzir. Por isso, o uso de condições seletivas — em um tubo de ensaio ou outro recipiente — nos permite obter culturas dos microrganismos mais comuns, a partir de uma minúscula porção de solo, lodo ou qualquer outra amostra natural, empregando técnicas de cultura de enriquecimento e de posterior isolamento em culturas puras.

Todos esses raciocínios permitem deduzir, com clareza, que a corrosão microbiológica pode ser considerada onipresente nos ambientes naturais ou industriais, da mesma forma que seus agentes causadores, os microrganismos.

BIBLIOGRAFIA

(1) Videla, H. A., "Introdução", em: *Corrosão Microbiológica*, p. 1, Editora Edgard Blücher Ltda., São Paulo, (1981).

(2) Atkins, P. W., "Dynamic electrochemistry", em: *Physical Chemistry*, p. 982, Oxford University Press, Oxford, (1978).

(3) Duquette, D. J., Ricker, R. E., "Electrochemical Aspects of Microbiologically Induced Corrosion", em: *Biologically Induced Corrosion*, S. C. Dexter (ed.), p. 121, NACE International, Houston, TX, (1986).

(4) Videla, H. A., "Fundamentals of Electrochemistry", em: *Manual of Biocorrosion*, chapt. 4, p. 73, CRC Lewis Publishers, Boca Raton, FL, (1996).

CAPÍTULO 2

BIODETERIORAÇÃO DE MATERIAIS: BIOCORROSÃO E PROCESSOS DE BIOFOULING

A biodeterioração de materiais pode ser definida como uma "mudança indesejável nas propriedades de um material por atividade vital de microrganismos" (1). Essa definição é de uso mais amplo que a corrosão microbiológica, uma vez que, além de metais e suas ligas, a biodeterioração abrange materiais não-metálicos, como rocha, madeira, materiais processados e refinados (combustíveis, lubrificantes, pinturas), aplicando-se, também, a edifícios, sistemas de transporte e veículos (2).

A corrosão microbiológica, ou biocorrosão, é "o processo *eletroquímico* de dissolução metálica iniciado ou acelerado por microrganismos" (3). A partir da década de 80, a denominação *corrosão influenciada* (ou *induzida*) *microbiologicamente* tem sido usada amplamente. Em sua forma inglesa, *microbiologically influenced corrosion*, corresponde à sigla MIC, de fácil memorização e uso. Entretanto, como essa sigla coincide com a empregada em microbiologia para a concentração mínima de inibição de um agente biocida ou antibiótico, parece-nos mais apropriado o uso da palavra *biocorrosão*, termo que adotaremos a partir daqui neste livro.

Denomina-se genericamente *fouling*, ou *acumulação*, a formação de depósitos sobre a superfície de equipamentos ou instalações industriais. Esses depósitos têm como efeito negativo uma importante diminuição da eficiência e da vida útil do equipamento. A palavra *biofouling* refere-se ao acúmulo indesejável de depósitos biológicos sobre uma superfície (4). Esse depósito pode conter microrganismos (microfouling) e macrorganismos (macrofouling).

Em geral, o biofouling resulta do acúmulo de *biofilmes*. Um biofilme é constituído por células imobilizadas sobre um substrato, incluídas em uma matriz orgânica de polímeros extracelulares produzidos pelos microrganismos, e genericamente denominada *material polimérico extracelular* (MPE). O biofilme resulta de um acúmulo superficial que não é uniforme nem no tempo nem no espaço (5).

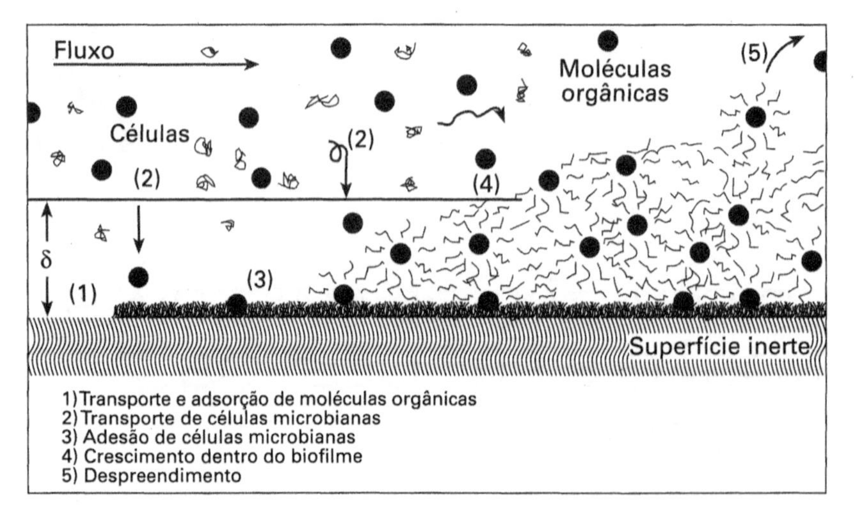

Figura 2-1
As diferentes etapas de formação de biofilmes microbianos. [Segundo Characklis, ref. (6), com permissão da John Wiley & Sons.]

O biofouling presente nos ambientes industriais é complexo e geralmente consiste na associação de biofilmes com partículas inorgânicas, precipitados cristalinos (*scale*, em inglês) ou produtos de corrosão. Na maioria das vezes, esses complexos depósitos formam-se mais rápido e aderem mais firmemente às superfícies que os biofilmes isolados.

A presença de biofouling pode ocorrer tanto em fluxos turbulentos como em águas paradas, sobre diversos tipos de superfícies, metálicas ou não, lisas ou em fissuras (*crevices*).

Sobre um metal em contato com águas industriais ou naturais, ocorrem processos biológicos, que produzem o biofouling, e processos inorgânicos, cujo resultado é a corrosão. Ambos os fenômenos modificam de forma intensa o comportamento da interfase metal/solução. Os processos biológicos ocorrem de acordo com uma seqüência de eventos, que tem início imediatamente no contato entre o meio líquido e o metal, como se pode ver esquematizado na Fig. 2-1, segundo Characklis (6).

Primeiro ocorre a formação de um filme de moléculas orgânicas, que modifica o molhamento e a distribuição de cargas na superfície sólida, facilitando a posterior aderência dos microrganismos presentes no líquido. Essa aderência microbiana é causada principalmente por forças físicas e interações eletrostáticas, e tem caráter reversível (ou seja, pode ser eliminada facilmente por meio de um jato de água, por exemplo). As células microbianas que permanecem na superfície iniciam um processo de multiplicação e de produção de MPE, pelo qual aderem firmemente à superfície (aderência irreversível).

À medida que a espessura do biofilme aumenta e supera a camada-limite de fluxo laminar, tem início o desprendimento das camadas mais externas (por efeito do corte do fluxo de líquido). Estabelece-se assim um processo de renovação do biofilme que é dinâmico e dependente da espessura do depósito, da velocidade do

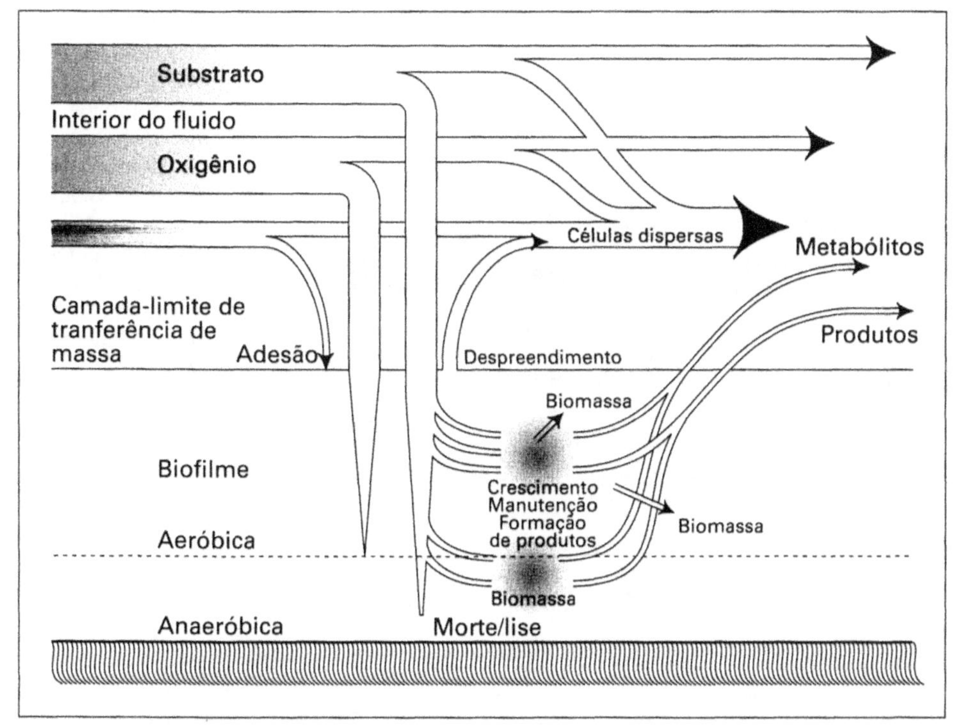

Figura 2-2 Esquema dos processos de transferência de massa em um biofilme. [Segundo Characklis, ref. (6), com permissão da John Wiley & Sons.]

fluxo de líquido e da velocidade de crescimento dos microrganismos, para citar os fatores mais relevantes. Uma das conseqüências desse processo é a contaminação do meio líquido por partículas biológicas (metabólitos e materiais de lise celular) e partículas inorgânicas (produtos de corrosão), como ilustrado na Fig. 2-2 [ref. (6)].

Os processos inorgânicos ocorrem simultaneamente na interfase metal/solução e correspondem à dissolução metálica (corrosão) e à formação de produtos de corrosão e de incrustações (*scaling*). Estas são constituídas por sais inorgânicos insolúveis que se depositam nas paredes das tubulações, como conseqüência de variações de solubilidade causadas por mudanças de temperatura do fluido, do pH, da qualidade da água de alimentação e das condições de fluxo.

Os processos biológicos (biofouling) e os processos inorgânicos (corrosão), ocorrem de forma simultânea, mas seguem direções opostas. O biofouling é, como foi dito anteriormente, um processo de acumulação que se dirige do seio do líquido para a superfície metálica; já a corrosão transcorre no sentido oposto, da superfície metálica (que se dissolve) para o seio do fluido (7). Como conseqüência de ambos os processos, forma-se uma nova interfase metal/solução, que chamaremos de *interfase bioeletroquímica*, já que seu comportamento dependerá de variáveis eletroquímicas (que controlam a corrosão) e biológicas (que condicionam o biofouling) (Fig. 2-3).

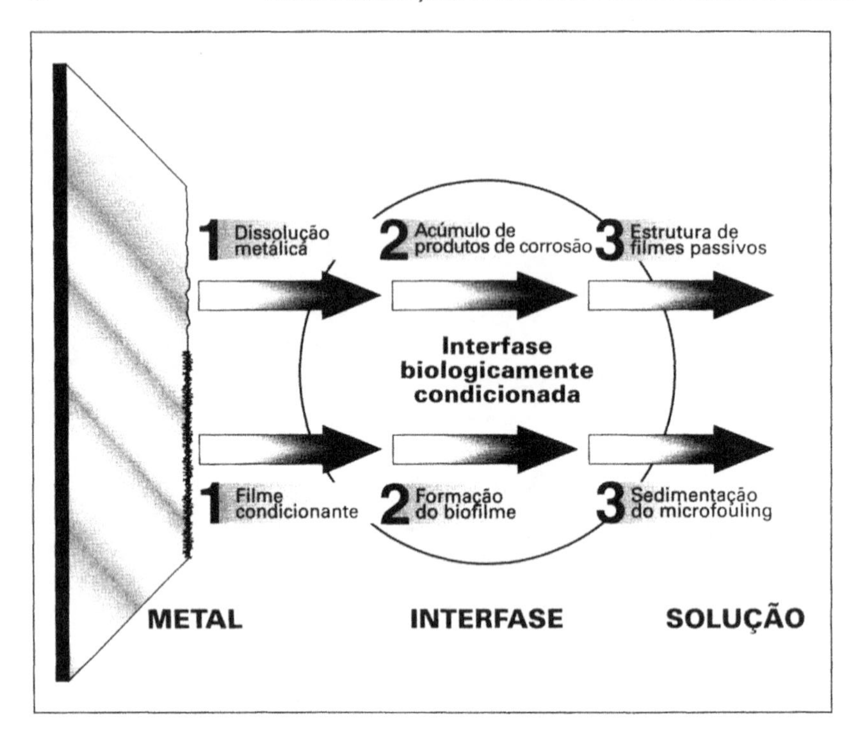

Figura 2-3 Esquema da interfase bioeletroquímica metal/solução, na presença de depósitos biológicos e inorgânicos. [Segundo Videla, ref. (7), com permissão da Cambridge University Press.]

A biocorrosão e o biofouling das superfícies metálicas têm origem em processos biológicos que ocorrem pela participação de microrganismos aderidos às superfícies, por meio do MPE, formando biofilmes na interfase metal/solução. Os biofilmes podem ser considerados como uma matriz gelatinosa com alto conteúdo de água (aproximadamente 95%), onde células microbianas e dejetos diversos se encontram em suspensão (8).

As reações que ocorrem na superfície metálica, coberta com depósitos biológicos, ocorrem sob o biofilme, ou através dele, modificando consideravelmente o conceito de interfase metal/solução empregado na corrosão inorgânica (onde os biofilmes estão ausentes). A interação entre os depósitos biológicos e inorgânicos pode mudar o comportamento passivo de um metal de várias maneiras:

a) dificultando o transporte de espécies químicas desde e até o metal;

b) facilitando a remoção de filmes protetores quando se produz o desprendimento do biofilme;

c) gerando condições de aeração diferencial quando a distribuição do biofilme sobre a superfície metálica não é uniforme;

d) mudando as condições redox da interfase (por exemplo, por meio da respiração microbiana); e

e) facilitando a dissolução ou remoção mecânica de filmes de produtos de corrosão.

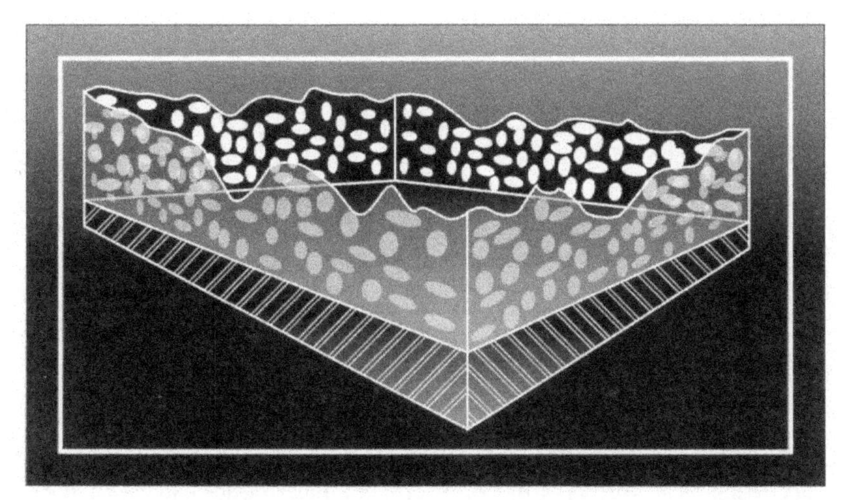

Figura 2-4
Modelo difusional do biofilme.

Segundo o modelo de barreira difusional, durante a década de 80 e parte da de 90, o biofilme foi considerado como uma massa de MPE em que as células microbianas e diversos detritos inorgânicos se encontravam distribuídos, mais ou menos regularmente, pela matriz polimérica (Fig. 2-4). Entretanto, nos últimos anos, medições efetuadas em biofilmes microbianos (9) com ultramicroeletrodos (da ordem de micrometros, μm) e utilizando microscopia confocal a *laser* (10), permitiram elaborar um modelo diferente.

No novo modelo de biofilme (11), os microrganismos formam aglomerados (*clusters*), separados por canais ou túneis onde o transporte líquido ocorre essencialmente por convecção (Fig. 2-5). Esse novo modelo conceitual do biofilme permite explicar (12) a limitação do acesso de alguns biocidas oxidantes (por exemplo, cloro, ozônio) e sua menor eficiência sobre os microrganismos aderidos (sésseis) ao metal.

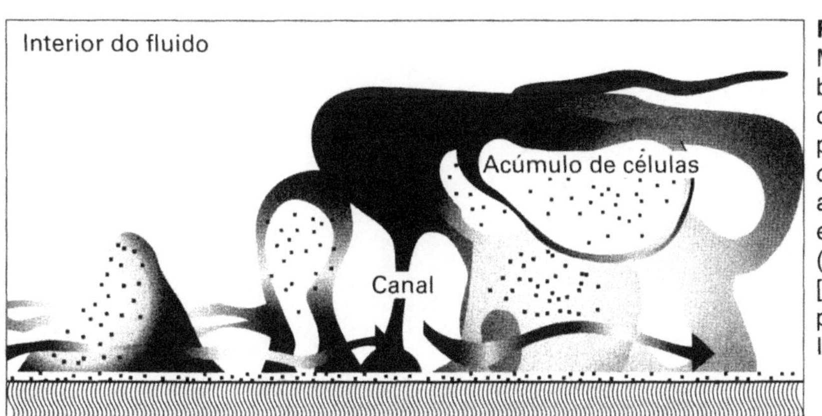

Figura 2-5
Modelo atual de biofilme, onde o transporte é, principalmente, convectivo e acontece por canais entre aglomerados (*clusters*) microbianos. [Ref. (11), com permissão de NACE International.]

BIBLIOGRAFIA

(1) Hueck, H. J. "Biodeterioration of Materials", p. 6, Elsevier, London, (1968).

(2) Eggins, H. O. W., "Biodeterioration, Past, Present and Future", em: *Biodeterioration 5*, T. A. Oxley, S. Barry (eds.), p. 1, John Wiley & Sons, Chichester, UK, (1983).

(3) Videla, H. A., "Introduction" em: *Manual of Biocorrosion*, p. 7, CRC Lewis Publishers, Boca Raton, FL, (1996).

(4) Characklis, W. G., "Microbial Fouling", em: *Biofilms*, W. G. Characklis, K. C. Marshall (eds.), p. 523, John Wiley & Sons, New York. (1990).

(5) Characklis, W. G., Marshall, K. C., "Biofilms: A Basis for an Interdisciplinary Approach", em: *Biofilms*, W. G. Characklis, K. C. Marshall (eds.), p. 3, John Wiley & Sons, New York, (1990).

(6) Characklis, W. G., *Biotechnol. Bioeng.* **23**, 1923, (1981).

(7) Videla, H. A., "Electrochemical Aspects of Biocorrosion", em: *Bioextraction and Biodeterioration of Metals*, C. C. Gaylarde, H. A. Videla (eds.), p. 85, Cambridge University Press, Cambridge, UK, (1995).

(8) Geesey, G. G., *Am. Soc. Microbiol. News* **48**, 9, (1982).

(9) Lewandowski, Z., Lee, W., Characklis, W. G., Little, B. J., "Microbial Alteration of the Metal Water Interface: Dissolved Oxygen and pH Microelectrode Measurements", *Corrosion/88*, paper No. 93, NACE International, Houston, TX, (1988).

(10) Costerton, J. W., "Structure of Biofilms", em: *Biofouling and Biocorrosion in Industrial Water Systems*, G. G. Geesey, Z. Lewandowski, H. C. Flemming (eds.), p. 1, Lewis Publishers, Boca Raton, FL, (1994).

(11) Lewandowski, Z., Stoodley, P., Roe, F., "Internal mass transport in heterogeneous biofilms. Recent advances", *Corrosion/95*, paper No. 222, NACE International, Houston, TX, (1995).

(12) De Beer, D., Srinivasan, R., Stewart, P.S., *Appl. Environ. Microbiol.* **60** (12), 4339, (1994).

Capítulo 3

Incidência prática e econômica da biocorrosão e do biofouling

Segundo avaliação (1) realizada nos Estados Unidos pela Batelle Foundation e Specialty Steel Industry of North America, estima-se que os prejuízos causados pela corrosão metálica são da ordem de 300 bilhões de dólares por ano, o que equivale a 4,2% do PIB daquele país. Calcula-se que um terço desse valor poderia ser economizado com o uso de materiais mais resistentes à corrosão e pela utilização de técnicas mais adequadas de combate à corrosão (incluindo a otimização do projeto e práticas de manutenção mais eficazes).

É difícil determinar qual porcentagem daquele valor decorre da biocorrosão e do biofouling em sistemas industriais. Entretanto uma estimativa britânica (2) do final da década de 70 revela que custo poderia estar em torno de 20% do total da corrosão em geral, o que significa aproximadamente 60 bilhões de dólares por ano, ou 0,84% do PIB. Esses custos têm origem muito diversa e podem estar relacionados a paradas das instalações para substituição de estruturas corroídas ou para limpeza, manutenção e substituição de elementos filtrantes ou de medição, remoção de depósitos biológicos em sistemas de armazenamento, tubulações, etc.

Apenas nas últimas duas décadas se começou a dar a devida importância aos problemas causados pela biocorrosão e o biofouling, em vista de uma melhor compreensão desses processos, resultado da interação entre disciplinas tão díspares como a microbiologia, a eletroquímica, o estudo de superfícies e a ciência dos materiais. Esse avanço se deve à utilização de técnicas de estudo como a microscopia de alta resolução (microscopia de força atômica, confocal a *laser*), ao uso de ultramicroeletrodos específicos, capazes de explorar a interfase metal/solução com dimensões da ordem de micrometros (μm), técnicas microbiológicas de alta especificidade, como as sondas de DNA, e metodologias atualizadas para o estudo da corrosão localizada como o ruído eletroquímico.

O progresso na área também se deve a uma maior transferência de conhecimento mediante o crescente número de publicações especializadas, conferências internacionais, seminários e *workshops*, tanto no âmbito acadêmico como industrial. É de se mencionar também a contribuição de entidades como a NACE International, de Houston, no Texas (EUA), que organiza, em seus congressos anuais, sessões especiais dedicadas à biocorrosão, dentro do comitê TEG 187 X; a International Biodeterioration Society, da Grã-Bretanha, e outras associações de corrosão européias e ibero-americanas. Nesse âmbito, a Rede Temática XV-C (Biocorr) do Programa CYTED (Ciência e Tecnologia para o Desenvolvimento) sobre biocorrosão e biofouling em sistemas industriais, publicou um manual prático, em espanhol, português e inglês (3), e realizou diversos cursos e *workshops* de formação em países latino-americanos e da Península Ibérica nos últimos anos da década de 90.

Poucas indústrias estão livres da biocorrosão e de problemas provenientes de depósitos de biofouling. Por exemplo, estima-se que (4), na Grã-Bretanha, 50% dos casos de corrosão em tubulações enterradas se devem a causas microbiológicas. A indústria do petróleo, em suas atividades de extração, processamento, distribuição e armazenamento, apresenta freqüentes e graves problemas por ação corrosiva de microrganismos associados a depósitos biológicos. A intensa atividade desenvolvida nas últimas décadas pela extração de petróleo *off-shore* motivou diversas publicações e conferências especializadas (5, 6). Na Fig. 3-1 são mostradas as áreas vulneráveis à biocorrosão e ao biofouling em uma plataforma *off-shore* e suas imediações, segundo esquema de Sanders e Hamilton (7).

A biocorrosão nos tanques integrais de aviões a jato, construídos com ligas de alumínio, assim como problemas de vedação de filtros e mal funcionamento de instrumentos de medição afetam a aviação comercial e militar desde o início do uso em massa de combustíveis tipo JP (*jet propulsion*). Estes são biodegradados por fungos e bactérias (8), contaminantes presentes em tanques de combustível e sistemas de distribuição e armazenamento (ver Cap. 7).

A indústria naval e portuária (9), assim como as usinas costeiras de geração de energia elétrica são particularmente vulneráveis à biocorrosão e ao biofouling marinho (10). Neste último caso, os depósitos constituem-se geralmente de macrofouling biológico (11). São também afetados cascos de embarcações, motores marítimos (por contaminação de combustíveis e lubrificantes de uso naval), tanques de combustível que operam como tanques de lastro (o deslocamento do combustível é realizado com água do mar) e, conforme já mencionado anteriormente, as operações extrativas longe da costa (12).

Além da indústria do petróleo, também apresentam problemas de biocorrosão os gasodutos de transporte de gás natural (13), de distribuição e armazenamento de água potável (14), as usinas geradoras termoelétricas (15), as hidroelétricas (16), as nucleares (17), a indústria química e de processos (18), a indústria de papel (19), as refinarias de álcool (20), e a indústria siderúrgica (21) entre outras. Na Tab. 3-1 estão resumidas as atividades industriais afetadas com maior freqüência pela biocorrosão e pelo biofouling.

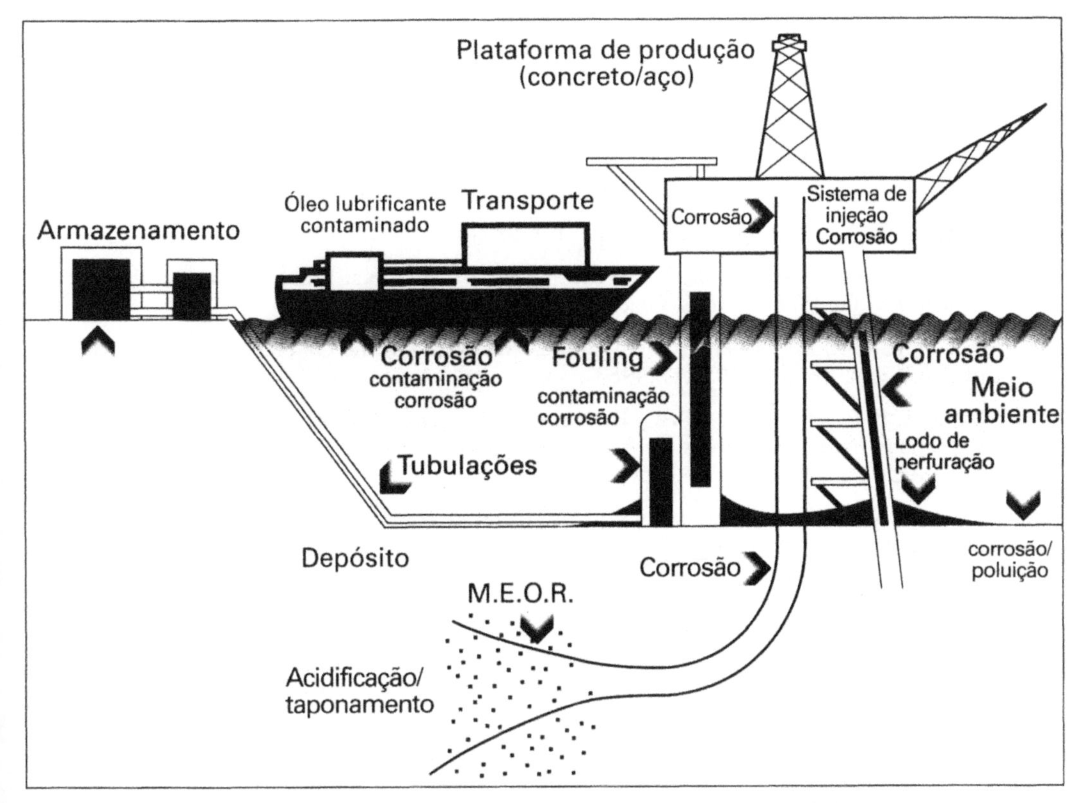

Figura 3-1 Diferentes partes de uma plataforma de petróleo *off-shore* são afetadas por biocorrosão e biofouling. [Segundo Sanders e Hamilton, ref. (7), com permissão de NACE International.]

TABELA 3-I

INDÚSTRIAS MAIS FREQÜENTEMENTE AFETADAS POR BIOCORROSÃO E BIOFOULING

Indústria petrolífera: Extração (em terra e *off-shore*)	Processamento (destilaria) Distribuição e transporte Armazenamento (terra, mar e ar)
Indústria de celulose e papel	
Usinas de geração de energia	Térmicas Hidroelétricas Nucleares
Instalações de água potável:	Produção e distribuição
Sistemas de osmose reversa: Indústria naval e portuária Indústria aeronáutica Transporte de gás natural e engarrafamento (biogás) Distribuição de energia elétrica Sistemas domésticos de refrigeração Sistemas de resfriamento industrial Indústria química e de processos Indústria de óleos e lubrificantes (fluidos de corte) Indústria metalúrgica Refinarias de álcool	

BIBLIOGRAFIA

(1) Baer, T. L., *Mater. Perform.* **34**, 5, (1995).

(2) Wakerley, D. S., *Chem. Ind.* **19**, 657, (1979).

(3) M. D. Ferrari, M. F. L. de Mele, H. A. Videla, (eds.), "Manual Práctico de Biocorrosão e Biofouling para a Indústria", RT XV-C CYTED, Madrid, 178 pp. (1995).

(4) Iverson, W. P., *Adv. Appl. Microbiol.* **32**, 1, (1987).

(5) E. C. Hill, J. L. Shennan, R. J. Watkinson (eds.), "Microbial Problems in the Offshore Oil Industry", John Wiley & Sons, Chichester, UK, 257 pp. (1987).

(6) E. C. Hill (ed.), "Microbial Problems and Corrosion in Oil and Oil Product Stirage", Institute of Petroleum, London, 105 pp. (1983).

(7) Sanders, P. F., Hamilton, W. A., "Biological and Corrosion Activities of Sulphate-Reducing Bacteria in Industrial Process Plant", em: *Biologically Induced Corrosion*, S. C. Dexter (ed.), p. 47, NACE International, Houston, TX, (1986).

(8) Davis, J. B. "Microbial Contamination and Deterioration of Petroleum Products", em: *Petroleum Microbiology*, chap. 9., p. 499, Elsevier Publishing Co., Amsterdam, (1967).

(9) Allsopp, D., Seal, K. J., "Structures, Systems and Vehicles", em: *Introduction to Biodeterioration*, chap. 4, p. 64, Edward Arnold, London, (1986).

(10) Videla, H. A., de Mele, M. F. L., Brankevich, G. J., "Microfouling of Several Metal Surfaces in Polluted Seawater and its Relation with Corrosion", *Corrosion/87*, paper No. 365, NACE International, Houston, TX, (1987).

(11) Brankevich, G. J., de Mele, M. F. L., Videla, H. A., *Marine Tech.* **24**, 18, (1990).

(12) Edyvean, R. G. J., *Int. Biodet.* **23**, 199, (1987).

(13) Worthingham, R. G., Jack, T. R., Ward, V., "External Corrosion of Line Pipe. Part I : Identification of Bacterial Corrosion in the Field", em: *Biologically Induced Corrosion*, S. C. Dexter (ed.), p. 330, NACE International, Houston, TX, (1986).

(14) Tuovinen, O. H., Mair, D. M., "Corrosion of Cast Iron Pipes and Associated Water Quality Effects in Distribution Systems", em: *Biodeterioration 6*, S. Barry, D. R. Houghton, G. C. Llewellyn, C. E. O'Rear, (eds.), p. 223, CAB International, Slough, UK, (1986).

(15) Brankevich, G. J., de Mele, M. F. L., Videla, H. A., *Corrosion y Protección* **17**(5), 335, (1986).

(16) Pintado, J. L., Montero, F., *Corrosión y Protección* **17**(5), 361, (1986).

(17) Licina, G. J., *Mater. Perform.* **28**, 55, (1988).

(18) Characklis, W. G., Zelver, N., Roe, F. L., "Continuous On-Line Monitoring of Microbial Deposition on Surfaces", em: *Biodeterioration 6*, S. Barry, D. R. Houghton, G. C. Llewellyn, C. E. O'Rear, (eds.), p. 427, CAB International, Slough, UK, (1986).

(19) Holt, D. M., "Microbiology of Paper and Board Manufacture", em: *Biodeterioration 7*, D. R. Houghton, R. N. Smith, H. O. W. Eggins, (eds.), p. 493, Elsevier Applied Science, London, (1988).

(20) Silva, A. J. N., Tanis, J. N., Silva, J. O., Silva, R. A., "Alcohol Industry Biofilms and Their Effect on Corrosion of 304 Stainless Steel", em: *Biologically Induced Corrosion,* S. C. Dexter (ed.), p. 76, NACE International, Houston, TX, (1986).

(21) Rossmoore, H. W., Rossmoore, L. A., "MIC in Metalworking Processes and Hydraulic Systems", em: *A Practical Manual on Microbiologically Influenced Corrosion*, G. Kobrin (ed.), p. 31, NACE International, Houston, TX, (1993).

Capítulo 4

Microbiologia da Corrosão

Os microrganismos são os principais responsáveis pela biocorrosão, o que torna esse processo diferente da corrosão inorgânica.

Os organismos vivos foram classificados em animais ou vegetais de acordo com suas diferenças morfológicas e constitucionais. Quanto à nutrição, os animais utilizam substâncias orgânicas complexas, que rapidamente são hidrolisadas no interior do organismo, ao passo que os vegetais sintetizam as substâncias necessárias para seu crescimento e manutenção a partir de material inorgânico, utilizando a luz solar como fonte de energia.

Outras diferenças entre plantas e animais são a presença de parede celular, a capacidade de locomoção e a capacidade de síntese de várias substâncias. Quando se tentou classificar os microrganismos em um desses dois grandes reinos, surgiram dificuldades para estabelecer uma relação genética. Por exemplo, a *Euglena*, que é um organismo unicelular com capacidade fotossintética (por isso parecido com os vegetais), também tem mobilidade e ausência de parede rígida em sua estrutura celular (semelhante aos animais). Os fungos, que possuem muitas propriedades em comum com os vegetais, apresentam uma nutrição heterotrófica.

Todos esses fatos levaram Haeckel, em 1866, a criar um terceiro reino, que recebeu o nome genérico de *protista* (1). Os organismos pertencentes a esse reino são diferentes dos animais e dos vegetais por serem, em sua maioria, unicelulares e não possuir uma morfologia única. Os protistas podem ser subdivididos em dois grupos, de acordo com sua estrutura celular: os protistas superiores ou *eucariotes*, incluindo as algas, os fungos e os protozoários, e os protistas inferiores, ou *procariotes*, que compreendem as bactérias e as algas azul-verdes. As principais diferenças entre esses dois grupos de microrganismos estão descritas na Tab.4-I.

TABELA 4-1
PRINCIPAIS CARACTERÍSTICAS DOS MICRORGANISMOS PROCARIOTES E EUCARIOTES

Eucariotes (possuem membrana nuclear)			Procariotes (não têm membrana nuclear)	
Fotossintéticos	Não-fotossintéticos		Se são fotossintéticos, a maioria produz oxigênio	Se não são fotossintéticos, não produzem oxigênio
Células com cloroplastos	Células móveis com um núcleo	Células imóveis com vários núcleos		
Algas verdes	Protozoários	Fungos	Algas azul-verdes	Bactérias

Uma recente classificação dos organismos vivos em cinco reinos foi apresentada por Whitaker (2) e se baseia em três características fundamentais:

- constituição celular (procariótica ou eucariótica);
- nível de organização celular (unicelular ou multicelular);
- tipo de morfologia.

Podemos, assim, distinguir cinco reinos: Animalia, Plantae, Fungi, Protista e Monera ou Procariotes. Os organismos pertencentes ao reino Monera, nessa classificação, são todos os microrganismos denominados *procariotes* descritos no *Bergey's Manual of Determinative Bacteriology* (ver boxe).

Classificação dos microrganismos segundo Whitaker				
Reinos				
Monera (procariote)	Protista	Fungi	Plantae	Animalia

ESTRUTURA CELULAR

Independentemente da classificação utilizada para os seres vivos, a unidade que constitui todos os organismos vivos é a célula, que apresenta diferentes características entre procariotes e eucariotes (Tab. 4-2).

TABELA 4-2
DIFERENÇAS ENTRE AS CÉLULAS EUCARIÓTICAS E PROCARIÓTICAS

	Procariótica	**Eucariótica**
Membrana nuclear	Ausente	Presente
Divisão mitótica	Ausente	Presente
Cromossomos	Único	Múltiplos
Mitocôndrias	Ausente	Presentes
Flagelos	Único	Múltiplos

A célula eucariótica possui um núcleo diferenciado (envolvido por uma membrana nuclear), que contém o material genético (genoma) distribuído em um conjunto de cromossomos. Estes se dividem segundo um processo denominado *mitose* e seu material genético (o DNA, ácido desoxirribonucléico) está associado a proteínas cromossômicas. A célula eucariótica contém, também, organelas, como as mitocôndrias (nas plantas, cloroplastos), que carregam uma pequena fração do genoma na forma de moléculas circulares contendo DNA. Outras organelas, como os *ribossomos*, são um pouco maiores do que aquelas das células procarióticas.

A célula procariótica não tem o núcleo envolvido por uma membrana nuclear e o DNA se apresenta como um cromossomo único no citoplasma. Esse cromossomo contém toda a informação genética necessária para a reprodução celular. Podem ainda existir uma ou mais moléculas circulares de DNA, denominadas *plasmídeos*.

A cápsula, estrutura mais externa da célula procariótica, é gelatinosa e desempenha um destacado papel na aderência dos microrganismos a superfícies, fenômeno que tem grande importância no estabelecimento dos biofilmes microbianos e na indução do processo de biocorrosão.

A parede celular, que circunda a membrana citoplasmática, confere rigidez mecânica à célula. É sobre essa estrutura que atua a coloração de Gram, sem dúvida o método diferencial mais importante da microbiologia. Seu fundamento bioquímico se baseia na diferença de porosidade apresentada pela parede celular em relação ao complexo cristal-violeta-iodo. As bactérias Gram-positivas apresentam uma parede celular que tem como principal componente um mucopeptídeo de estrutura monoestratificada e densa; já as bactérias Gram-negativas possuem uma parede multiestratificada e porosa, em que o mucopeptídeo constitui apenas 10% da parede celular. Os demais constituintes são proteínas, polissacarídeos e principalmente lipídeos.

Adjacente à parede celular se encontra a membrana citoplasmática, que atua como barreira seletiva entre a célula e o meio externo, devido à sua característica de membrana semipermeável. É na membrana citoplasmática que ocorrem os processos metabólicos mais importantes da célula procariótica, como a respiração e a fotossíntese, entre outros.

Os órgãos de locomoção, como os flagelos, podem ou não estar presentes em todos os casos.

A Fig. 4-1 apresenta esquematicamente uma célula procariótica, e as principais funções de cada uma de suas estruturas estão descritas na Tab. 4-3.

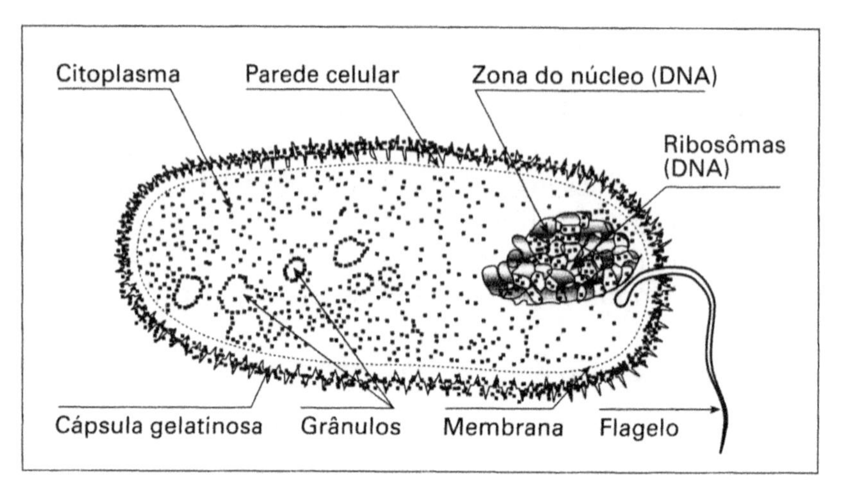

Figura 4-1
Estrutura de uma célula procariótica.

TABELA 4-3
FUNÇÕES DAS ESTRUTURAS CELULARES PROCARIÓTICAS (REF. 2)

Estrutura	Função
Membrana citoplasmática	Barreira semipermeável seletiva, transporte de nutrientes e excrementos, localização de processos metabólicos (respiração, fotossíntese). Detecção de sinais de quimiotaxia
Mesossomo	Distribuição de cromossomos durante a divisão celular
Vacúolos	Cavidades citoplasmáticas para reserva de gás
Ribossomos	Síntese de proteínas
Inclusões	Armazenamento de carbono, fosfato e outras substâncias
Espaço periplasmático	Local onde estão presentes as enzimas hidrolíticas e proteínas de transporte para o processamento e captação de nutrientes
Parede celular	Dá forma e rigidez à célula e protege-a de lise em soluções diluídas. Aderência a superfícies. Resistência à fagocitose. Responsável pela coloração de Gram
Cápsula e películas mucilaginosas	Aderência a superfícies
Fímbrias e pêlos	Aderência a superfícies. Fixação em outras células
Flagelos	Movimento
Endosporo	Sobrevivência em ambientes hostis

INTERAÇÃO MICRORGANISMO/AMBIENTE – METABOLISMO MICROBIANO

Apesar de suas dimensões reduzidas (da ordem de 1 μm) e da escassa variedade morfológica (esferas ou cocos, cilindros ou bacilos e filamentos espiralados ou espirilos) a interação entre os microrganismos e o ambiente é muito ativa, conforme se mencionou no Cap. 1.

Os microrganismos participam, por meio de seu metabolismo, de diversos ciclos dos elementos da natureza. Enquanto os vegetais utilizam a energia solar para produzir matéria orgânica a partir do dióxido de carbono (são, portanto, produtores primários), os animais são os principais organismos consumidores, utilizando a maior parte da biomassa primária para sintetizar as substâncias que constituem sua massa corporal. Eventualmente, ambos estão sujeitos a processos degradativos, que voltam a converter a matéria orgânica em compostos inorgânicos e minerais. Os microrganismos (bactérias e fungos) são os principais responsáveis por esse processo de *mineralização*, atuando como agentes degradativos da natureza. Assim, os bioelementos (carbono, nitrogênio, fósforo e enxofre) estão sujeitos a processos cíclicos. Com relação à biocorrosão, veremos mais adiante que o ciclo natural do enxofre tem importância especial, pois os microrganismos que dele participam são em sua maioria responsáveis por processos corrosivos.

Os microrganismos necessitam de alimento para obter energia e sintetizar novas células. Os elementos indispensáveis são hidrogênio, oxigênio, carbono, nitrogênio, fósforo e em menor proporção potássio, sódio, magnésio, manganês, cálcio e ferro. O elemento mais abundante na célula é o carbono, que pode ser obtido a partir do dióxido de carbono ou de matéria orgânica, dependendo do tipo de microrganismo.

Nitrogênio e fósforo são complementos essenciais do carbono, hidrogênio e oxigênio no metabolismo celular. A falta de um ou ambos limita o crescimento e a atividade celular; já o excesso pode favorecer o crescimento descontrolado de algumas espécies em detrimento de outras. Geralmente, a necessidade biológica de oxigênio/nitrogênio/fósforo apresenta uma relação de 100/6,5/1,5 em meios aeróbicos, e de 100/11/2 em meios anaeróbicos.

De acordo com a fonte de carbono utilizada em seu metabolismo, produção de energia e síntese de matéria orgânica, os microrganismos podem ser classificados em *autotróficos* (utilizam o dióxido de carbono como fonte de carbono) ou *heterotróficos* (utilizam matéria orgânica como fonte de carbono). Os primeiros podem ser *quimiossintéticos* (obtêm energia da oxidação de compostos inorgânicos; um exemplo é a *Gallionella*, uma das bactérias oxidantes do ferro) ou *fotossintéticos* (obtêm energia da radiação solar; sintetizam matéria orgânica e material celular a partir do dióxido de carbono e da água, produzindo oxigênio molecular; um exemplo são as algas que causam problemas de fouling em torres de resfriamento).

De acordo com a necessidade de oxigênio, os microrganismos podem ser divididos em *aeróbicos* (utilizam oxigênio dissolvido para o seu metabolismo) e *anaeróbicos* (desenvolvem-se em ambientes isentos de oxigênio). Existe ainda uma outra categoria, a dos microrganismos chamados *facultativos*, capazes de crescer em meios aeróbicos e anaeróbicos. Devido à grande variedade de concentrações de oxigênio que se pode encontrar nos meios naturais e industriais, a característica respiratória dos microrganismos tem um papel relevante no processo de corrosão metálica, onde a principal reação catódica é exatamente a redução do oxigênio (3).

O metabolismo microbiano compreende dois processos simultâneos:

- degradação, desassimilação ou catabolismo, no qual ocorrem reações redox, que fornecem energia ao organismo; e
- assimilação, síntese ou anabolismo, que compreende todas as reações que utilizam a energia produzida no catabolismo para sintetizar novo material celular.

As reações bioenergéticas ocorridas durante o metabolismo microbiano envolvem reações redox, que necessitam de doadores de elétrons (que, por sua vez, oxidam-se) enquanto a energia é armazenada nas células de alguma forma facilmente utilizável. A conservação de energia é efetuada, principalmente, por meio da *adenosina-trifosfato* (ATP). A maioria dos microrganismos, sendo heterotrófica, obtém energia dos mecanismos gerais da fosforilação, durante a degradação química do material orgânico, usando a energia e o carbono fornecidos pelo ambiente.

Na fosforilação ao nível do substrato, parte da energia provém de uma união de fosfato de alta energia ligada ao substrato e que é logo transferida para a *adenosina-difosfato* (ADP). Na fosforilação oxidativa, um doador de elétrons é oxidado e os elétrons são transferidos para um receptor final por meio de uma cadeia transportadora de elétrons e a energia liberada é parcialmente utilizada para produzir ATP a partir de ADP. Os caminhos pelos quais transcorre a oxidação dos compostos orgânicos, assim como a conservação da energia via ATP, podem ser de três tipos, *fermentação*, *respiração* e *respiração anaeróbica*:

- fermentação — a oxidação ocorre sem receptores externos de elétrons,
- respiração — o oxigênio molecular atua como receptor de elétrons;
- respiração anaeróbica — participa um receptor de elétrons diferente do oxigênio (por exemplo, nitratos, sulfatos) (4).

CRESCIMENTO MICROBIANO

Devido a suas reduzidas dimensões, os microrganismos são estudados como populações e não individualmente. O crescimento celular gera um aumento de peso e de tamanho seguido de divisão celular. O crescimento microbiano produz um aumento no número de células como conseqüência da divisão e crescimento celular. Uma colônia de microrganismos sobre ágar contém, por exemplo, 10^8 cé-

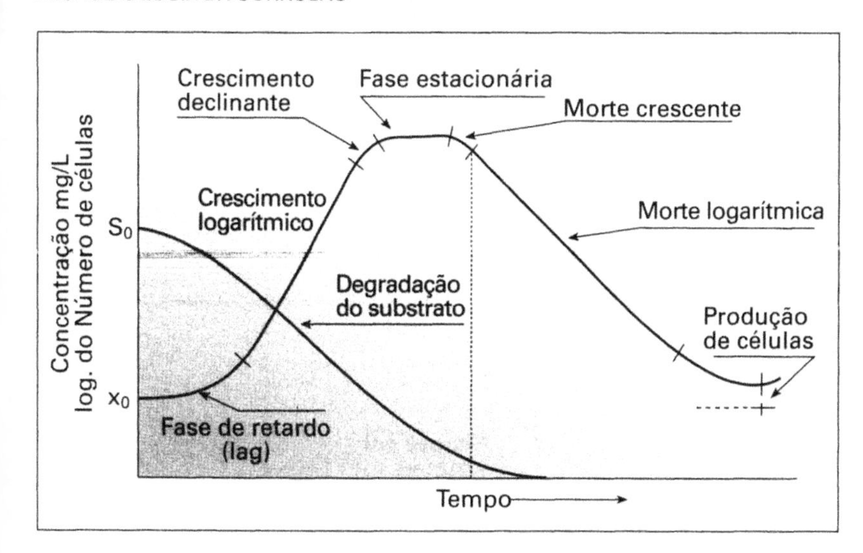

Figura 4-2
Curva de crescimento em um processo descontínuo (em *batch*).

lulas. Ao se realizar uma suspensão dessas células em 1 mL de água, ocorre uma pequena turvação, que permite avaliar o crescimento com o emprego de técnicas turbidimétricas.

O crescimento e a reprodução dos microrganismos, à medida que utilizam o alimento (substrato) disponível, podem ser representados graficamente por meio de uma curva de crescimento. Nessa representação gráfica, podem-se incluir, simultaneamente, a concentração de substrato (s) e o logarítmo do número de células (x) no eixo das ordenadas, e o tempo no eixo das abscissas, como se observa na Fig. 4-2.

O período de latência (ou fase lag) representa o tempo necessário para que as células adicionadas (inóculo) se adaptem ao meio e iniciem seu crescimento. Se o inóculo for constituído de células que apresentam crescimento rápido, essa fase será quase imperceptível. Durante a fase seguinte (fase logarítmica ou exponencial), as células crescem com velocidade constante (o tempo de geração ou tempo entre duas divisões é constante). Para os microrganismos unicelulares, que se multiplicam por divisão binária, o crescimento logarítmico deve produzir um aumento exponencial da massa e do número de células. O término da fase logarítmica geralmente é definido pelo esgotamento do substrato disponível, iniciando-se a fase estacionária.

Nessa nova etapa, o número de células que se forma é igual ao número de células que morrem e o número total de microrganismos permanece praticamente constante. Finalmente, na fase de morte as células morrem, se autodigerem ou lisam. Essa curva corresponde a um cultivo descontínuo ou *batch* onde não há uma alimentação constante de nutrientes. O contrário ocorre em um sistema contínuo (quimiostato), onde se repõem os nutrientes à medida que vão sendo consumidos e se elimina automaticamente o excesso de células e de produtos metabólicos. Esses processos possuem também um sistema de agitação e aeração permanente com controle automático de temperatura, pH, potencial redox, espuma e outros parâmetros relevantes.

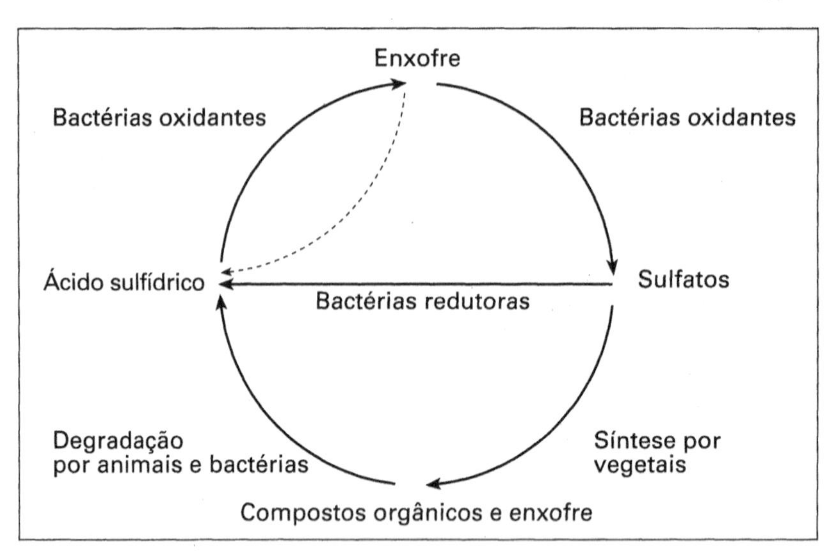

Figura 4-3
O ciclo do enxofre na natureza.

MICRORGANISMOS RELACIONADOS À CORROSÃO

Embora praticamente todos os tipos de microrganismo vistos até o momento se relacionem, em menor ou maior grau, aos processos de biocorrosão e biofouling, mencionaremos aqui apenas os mais freqüentes.

BACTÉRIAS

Muitas das bactérias relacionadas a processos de corrosão fazem parte do ciclo do enxofre na natureza (Fig. 4-3). Na natureza, o enxofre elementar e várias de suas formas oxidadas são produzidas por bactérias oxidantes do enxofre. Estas apresentam distintas características metabólicas (quimioautotróficas, quimio-heterotróficas e fotoautotróficas) e participam de diferentes maneiras dos processos de biocorrosão e biodeterioração de materiais.

Bactérias oxidantes do enxofre

Entre essas bactérias, destacamos o gênero *Thiobacillus*, microrganismos aeróbicos que utilizam o dióxido de carbono como principal fonte de carbono. Trata-se de bacilos curtos, com cerca de 0,5 μm de diâmetro e de 1,0 a 3,0 μm de comprimento. Possuem motilidade própria, por meio de um único flagelo polar, não formam esporos e se apresentam geralmente como células isoladas. Sua temperatura ótima de crescimento situa-se entre 10 e 37°C, mas algumas variedades termófilas são capazes de crescer em temperaturas superiores a 55°C. Desenvolvem-se em água do mar ou de rio, de acordo com as características halofílicas das espécies.

Uma das espécies do gênero, o *Thiobacillus denitrificans*, é capaz de crescer em anaerobiose usando nitratos como receptores de elétrons. O *Thiobacillus thioxidans* é capaz de oxidar 31 g de enxofre por grama de carbono, causando uma elevada acidez no meio (aproximadamente, pH 0,5) devido à produção metabólica de ácido sulfúrico. Essa elevada acidez confere grande agressividade ao ambiente, não apenas sobre superfícies metálicas mas também em estruturas de pedra e concreto (5).

Diversas reações de oxidação provocadas por bactérias oxidantes do enxofre e relacionadas a processos de biocorrosão utilizam enzimas específicas, ligadas a um sistema de transporte de elétrons em que o oxigênio atua como receptor final. Reações de oxidação parcial do sulfeto, enxofre elementar e oxiânions do enxofre são freqüentes em associações microbianas, os denominados *sulfuretos* (6), em que participam também as bactérias anaeróbias redutoras de sulfatos de reconhecida corrosividade para o ferro e suas ligas, como veremos mais adiante. O *Thiobacillus ferrooxidans* está relacionado com as bactérias oxidantes do ferro por sua capacidade de oxidar compostos inorgânicos de íons ferrosos e, também, obter energia da oxidação do tiossulfato. Como encontra seu hábitat em águas ácidas naturais com alto teor de ferro, grande parte da literatura sobre esse microrganismo está relacionada a processos de biolixiviação de minerais (7).

Bactérias redutoras de sulfatos (BRS) e outros compostos de enxofre

O ciclo do enxofre também é composto por microrganismos capazes de reduzir o íon sulfato por duas vias metabólicas diferentes:

- o sulfato é utilizado como fonte de enxofre, sendo reduzido a sulfetos orgânicos por meio da *redução assimiladora de sulfatos*;
- o sulfato atua como receptor terminal de elétrons, na respiração anaeróbia que produz hidrogênio sulfetado, segundo a *redução desassimiladora de sulfatos.*

As BRS constituem um grupo taxonomicamente variado de bactérias, relacionadas por aspectos fisiológicos e ecológicos. Algumas podem utilizar, alternativamente, como receptor de elétrons o nitrato, o fumarato ou, ainda, o piruvato. Originalmente foram classificadas em dois gêneros, o *Desulfovibrio* (cinco espécies) e o *Desulfotomaculum* (sete espécies), segundo a capacidade de formação de esporos, respectivamente. As fontes de carbono orgânico são limitadas ao lactato, ao piruvato ou ao maleato (8).

Morfologicamente se apresentam como bacilos curvos (em forma de vírgula), às vezes espiralados, tendo de 0,5 a 1,0 μm de diâmetro e 3,0 a 5,0 μm de comprimento. São anaeróbicos estritos e crescem em uma faixa ótima de temperatura entre 25 e 44°C e pH entre 5,5 e 9,0. Geralmente se movimentam por meio de um flagelo polar. Existem espécies halófilas, como, por exemplo, a *Desulfovibrio salexigens*.

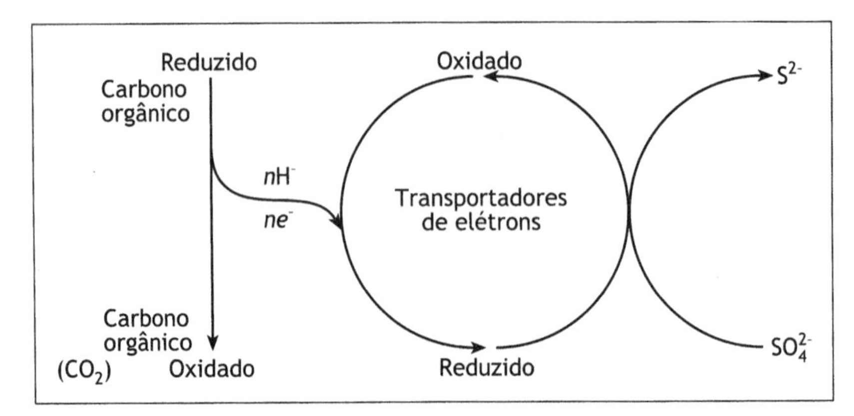

Figura 4-4 Metabolismo das bactérias redutoras de sulfatos: carbono orgânico entra como doador de elétrons na redução dos íons sulfato.

Dentro do gênero *Desulfotomaculum* (esporulado), há espécies termófilas que crescem em temperaturas superiores a 55°C, sendo freqüentemente encontradas em águas de injeção na indústria extrativa de petróleo. O crescimento das BRS requer potenciais redox negativos no meio (inferiores a –100 mV, com eletrodo normal de hidrogênio), aspecto que deve ser levado em conta nos procedimentos de detecção e monitoramento no ambiente ou na proteção catódica de tubulações enterradas em solos. As condições redutoras necessárias para o crescimento das BRS são obtidas, freqüentemente, em associações microbianas onde as bactérias aeróbias consomem o oxigênio do meio pela respiração.

As BRS são bactérias heterotróficas que utilizam uma fonte de carbono orgânico, a fim de obter a energia necessária para reduzir o íon sulfato a sulfeto (Fig. 4-4). Como resultado dessa redução, ocorre a produção de sulfetos, bissulfetos e hidrogênio sulfetado, assim como produtos metabólicos intermediários (tiossulfatos, tetrationatos, politionatos), que possuem um papel importante na corrosão anaeróbica do ferro, conforme será visto no Cap. 6.

Novos gêneros e espécies de BRS foram identificados, em grande parte devido aos trabalhos de Widdel e Pfenning (9, 10). Entre eles, podemos mencionar: *Desulfovibrio sapovorans* (utiliza ácidos graxos como fonte de carbono), *Desulfovibrio propionicus* (utiliza propionato como fonte de carbono), *Desulfotomaculum acetooxidans, Desulfuromonas acetooxidans e Desulfobacter postgatei* (utilizam acetato como fonte de carbono).

Quando se utilizam meios de cultura para o isolamento de BRS, deve-se levada em conta a existência dos diversos gêneros e espécies capazes de utilizar diferentes fontes de carbono orgânico, já que o meio de cultura deve conter a fonte de carbono que está presente nos ambientes naturais ou industriais, que, por sua vez, apresentam uma composição muito variada. Um resultado negativo não pode ser necessariamente atribuído à ausência de BRS, mas talvez ao emprego de uma fonte de carbono inadequada.

Diversas espécies de BRS do gênero *Desulfovibrio* utilizam a oxidação do hidrogênio como fonte de energia para seu crescimento devido à presença da enzima hidrogenase. Essa enzima foi correlacionada à corrosão anaeróbica do ferro por BRS na Teoria de Despolarização Catódica (TDC), que pode ser considerada como a primeira interpretação eletroquímica de um caso de biocorrosão mencionado na literatura (11, 12). Segundo essa teoria, o mecanismo da corrosão anaeróbica do ferro por BRS se deve à oxidação do hidrogênio, gerado na reação catódica durante o processo de corrosão, devido à atividade hidrogenásica das bactérias, que despolarizaria o cátodo e aceleraria indiretamente a reação anódica de dissolução do ferro. Existem métodos de detecção das BRS baseados na presença ou ausência da enzima hidrogenase, a qual é atribuída à capacidade corrosiva das BRS, embora essa hipótese seja atualmente bastante questionável.

Bactérias oxidantes do ferro

Essas bactérias, de grande diversidade estrutural, apresentam em comum a capacidade de oxidar o ferro ferroso a férrico. Esses microrganismos são difíceis de isolar e cultivar em laboratório, o que dificulta sua classificação em famílias e gêneros bem definidos. Além da corrosão, são capazes de produzir flóculos e depósitos de fouling (inorgânico e biológico) nos sistemas de águas industriais, reduzir a permeabilidade do solo e produzir entupimentos na indústria de extração de petróleo (13).

Entre as bactérias ferro-oxidantes freqüentemente vinculadas a processos de corrosão, podemos citar os gêneros *Gallionella* e *Siderophacus*, ambos pertencentes à família *Caulobacteriaceae*. Do primeiro grupo, uma espécie importante é *Gallionella ferruginea*. Trata-se de microrganismos autotróficos que se caracterizam por apresentar bainhas helicoidais perpendiculares ao eixo da bactéria, que tem a forma de um grão de café. As bainhas superam as dimensões da bactéria; são constituídas por hidróxido de ferro, dissolvem-se em ácidos fortes e, quando se desprendem, aumentam a quantidade de sólidos em suspensão, por exemplo, na água de refrigeração. No cultivo em laboratório, esses microrganismos necessitam de baixas concentrações de oxigênio para seu crescimento (0,1-0,3 ppm) (14).

Outras bactérias ferro-oxidantes pertencentes à família *Clamidobacteriaceae* apresentam bainhas sem coloração, constituídas por uma matriz orgânica impregnada com óxido de ferro e magnésio. Os gêneros *Sphaerotilus* e *Leptothrix*, comuns dessa família, crescem geralmente em águas de rio, são móveis e, diferentemente da família *Caulobacteriaceae*, são facilmente cultiváveis em laboratório. A espécie *Sphaerotilus natans* cresce em águas poluídas com alto teor de matéria orgânica. As bactérias do gênero *Leptothrix* crescem, preferencialmente, em águas de rio contendo ferro e dióxido de carbono. As bainhas dessas bactérias contêm hidróxido de ferro e apresentam coloração marrom-amarelada. São microrganismos aeróbicos que crescem em valores de pH ligeiramente alcalino.

Para finalizar, os membros da família *Crenothriaceae*, apresentam bainhas finas com inclusões de minerais. Os gêneros *Crenothrix* e *Clonothrix* são típicos dessa família. Crescem em águas estagnadas de rio com matéria orgânica em suspensão. Assim como as bactérias da família *Caulobacteriaceae*, são difíceis de isolar e cultivar em laboratório. São importantes na distribuição de água potável, em instalações de energia hidroelétrica e na recuperação secundária de petróleo, em vista de sua ação corrosiva e capacidade de entupir as instalações.

Além das bactérias mencionadas nos itens anteriores, existe uma grande variedade de microrganismos procarióticos que contaminam com freqüência as águas industriais, gerando depósitos de biofouling (lodo ou limo) nas instalações e tubulações. Entre elas, são comuns as bactérias do gênero *Pseudomonas*, encontradas junto a fungos entre os contaminantes de turbocombustível (15) ou BRS na contaminação microbiana de emulsões de corte (16).

FUNGOS

Os fungos são microrganismos eucarióticos e, embora apresentem paredes rígidas como os vegetais, não possuem clorofila. Vejamos suas principais características:

- são microrganismos heterótrofos;
- possuem uma parede celular espessa, constituída por polissacarídeos;
- apresentam uma estrutura ramificada denominada *micélio*, formada por filamentos chamados *hifas* (estruturas tubulares com múltiplos núcleos e um citoplasma contínuo);
- crescem no solo e sobre vegetais mortos;
- produzem hifas aéreas com esporos assexuados na extremidade (conídias) ou no interior de uma estrutura (esporângios);
- apresentam, também, esporos sexuados relacionados com a reprodução.

Embora as hifas sejam geralmente pluricelulares, algumas são unicelulares (leveduras).

O micélio vegetativo dos fungos geralmente não apresenta coloração, enquanto o aéreo reprodutivo é pigmentado. Os fungos crescem em ambientes que não são tolerados pelas bactérias (baixa umidade e pH ácido). Necessitam de menores concentrações de nitrogênio que as bactérias e são capazes de crescer em ambientes anaeróbicos. Entre os fungos relacionados aos processos de biocorrosão podemos mencionar o *Hormoconis resinae*, contaminante freqüente de combustíveis de aviação do tipo JP; constituídos por cadeias lineares de hidrocarbonetos com 8 a 18 átomos de carbono. Sua ação corrosiva sobre o alumínio e suas ligas de uso aeronáutico será descrita no Cap. 6.

A temperatura ótima de crescimento dos fungos é de 30°C, sendo aceitável entre 15 e 37°C. Seu micélio permanece viável por várias horas a –40°C, temperatura comum em tanques de aviões subsônicos durante o vôo. Crescem na presença de quantidades mínimas de água, que se forma no interior dos tanques devido à condensação ou proveniente das filtrações nos reservatórios de armazenamento em terra ou durante o transporte do combustível.

No sistema bifásico água/combustível, o fungo cresce preferencialmente na interfase. Durante o crescimento em turbocombustíveis, é capaz de provocar grandes quedas de pH devido à produção de ácidos orgânicos que possuem ação corrosiva sobre as ligas de alumínio. Sua identificação taxonômica é feita por meio de observação morfológica em microscópio. Sua presença como contaminante de turbocombustíveis é fácil de se detectar visualmente, devido à presença de um sedimento marrom, produzido no fundo dos tanques, ou por uma película de mesma coloração que se forma na interfase água/combustível.

Além desse microrganismo, também foram isolados de turbocombustíveis espécies dos gêneros *Aspergillus*, *Fusarium* e *Trichosporon*, embora sua corrosividade seja bem menor que a do *Hormoconis resinae* (17).

ALGAS

As algas, também, são microrganismos eucarióticos encontrados em diversos ambientes, tais como água, solo, rochas e plantas. Apresentam grande variedade de formas, tamanhos e estruturas (de unicelular a pluricelular). Com exceção das algas azul-verdes, que são microrganismos procarióticos, as algas apresentam membrana nuclear, clorofila e outros pigmentos. São organismos autotróficos e fotossintéticos que sintetizam a matéria orgânica a partir de dióxido de carbono e água, usando a luz solar como fonte de energia. Sua reprodução pode ser sexuada ou assexuada.

As algas estão mais relacionadas à formação de biofouling do que à biocorrosão, sendo a causa da bioacumulação em sistemas de trocadores de calor (torres de resfriamento), plataformas *off-shore* (onde alcançam vários metros de comprimento, caso das algas marinhas ou seaweeds). Também são freqüentes contaminantes de sistemas de abastecimento de água potável, ocasionando odores e sabores desagradáveis na água e diminuindo a eficiência e a vida útil dos filtros.

Entre os gêneros mais freqüentemente associados ao biofouling de instalações marinhas ou industriais, podem-se citar o *Navicula* (diatomácea), o *Oscillatoria* (alga azul-verde), o *Chlorella* e o *Ulothrix* (clorofitas). Podem induzir a corrosão por meio de um mecanismo de aeração diferencial, criando gradientes de pH ou oxigênio sobre as superfícies metálicas onde ocorre o crescimento.

As algas desempenham um papel importante na biodeterioração de rochas. Como será visto no Cap. 8, as algas tornam as condições favoráveis para o crescimento dos organismos heterotróficos, que as sucedem na colonização desse tipo de superfície.

MECANISMOS DA BIOCORROSÃO

Conforme mencionado anteriormente, os microrganismos induzem, aceleram ou mantêm a reação de corrosão, em uma interfase metal/solução, biologicamente condicionada por biofilmes ou depósitos de biofouling. De acordo com as características do crescimento e do metabolismo dos microrganismos procarióticos e eucarióticos, podem-se citar os seguintes mecanismos de biocorrosão:

- produção de metabólitos ácidos (por exemplo, ácido sulfúrico produzido por bactérias do gênero *Thiobacillus*);
- produção de metabólitos capazes de causar a ruptura de filmes protetores sobre o metal (por exemplo, sulfetos biogênicos derivados das BRS);
- aumento do potencial redox do meio, criando condições mais favoráveis para a ocorrência da reação de corrosão (por exemplo, ação dos fungos contaminantes de turbocombustíveis);
- formação de células de aeração diferencial por meio de uma distribuição não-homogênea dos depósitos biológicos (biofilmes de bactérias aeróbicas sobre aços inoxidáveis em meio marinho);
- ataque seletivo em áreas soldadas ou adjacências (por exemplo, corrosão de soldas dúplex de ferrita-austenita por bactérias ferro-oxidantes do gênero *Gallionella*);
- indução de pites nas zonas de aderência celular, por acidificação localizada (por exemplo, nas zonas de adesão do micélio de *Hormoconis resinae* sobre ligas de alumínio);
- consumo metabólico de inibidores de corrosão (por exemplo, consumo de nitratos por contaminantes fúngicos de turbocombustíveis);
- biodegradação de coberturas protetoras (por exemplo, degradação de coberturas protetoras em tanques de aviões por contaminantes fúngicos de turbocombustíveis).

Como se pode observar, em todos os mecanismos relacionados, os microrganismos induzem ou aceleram a reação de corrosão mediante diferentes efeitos metabólicos, sem modificar a natureza eletroquímica do fenômeno.

BIBLIOGRAFIA

(1) Schlegel, H. G., "The Place of Microorganisms in Nature", em: *General Microbiology*, p.1, Cambridge University Press, Cambridge, UK, (1993).

(2) Cloete, T. E., "Bacterial Taxonomy", em: *Principles in Microbiology*, chap. 2., p.15, The University of Pretoria, South Africa, (1999).

(3) Videla, H. A., "Fundamentals of Electrochemistry", em: *Manual of Biocorrosion*, p. 73, CRC Lewis Publishers, Boca Raton, FL, (1996).

(4) Brock, T. D., "Energética Microbiana", em: *Biologia de los Microorganismos*, cap. 4 p. 89, Ediciones Omega, Barcelona, (1978).

(5) Parker, C. D., Prisk, J., *J. Gen. Microbiol.* **8**, 344, (1953).

(6) Hamilton, W. A., *Ann. Rev. Microbiol.* **39**,1, (1987).

(7) Iverson, W. P., *Adv. Appl. Microbiol.* **32**,1, (1987).

(8) Postgate, J. R., "Metabolism", em: *The Sulphate-Reducing Bacteria*, 2nd edition, chap. 5, p. 56, Cambridge University Press,Cambridge,UK, (1984).

(9) Widdel, F., Pfenning, N., *Arch. Microbiol.* **112**,119, (1977).

(10) Widdel, F., Pfenning, N., *Arch. Microbiol.* **131**,360, (1982).

(11) von Wolzogen Kühr, G. A. H., Van der Vlug, L. R., *Water (den Haag)* **18**,147, (1934) (Tradução em *Corrosion* **17**, 293, 1961).

(12) Lee, W., Lewandowski, Z., Nielsen, P. H., Hamilton, W.A., *Biofouling* **8**,165, (1995).

(13) Davis, J. B., "Petroleum Reservoir Plugging", em: *Petroleum Microbiology*, p. 444, Elsevier Publishing Co., Amsterdam, (1967).

(14) Chantereau, J., "Corrosion Bacterienne" 2nd ed., Techniques et Documentation, Paris (1980).

(15) Videla, H. A., "The Action of *Cladosporium resinae* Growth on the Electrochemical Behavior of Aluminum", em: *Biologically Induced Corrosion,* S. C. Dexter (ed.), p. 215, NACE International, Houston, TX, (1986).

(16) Rossmoore, H. W., Rossmoore, L. A., "MIC in Metalworking Processes and Hydraulic Systems", em: *A Practical Manual on Microbiologically Influenced Corrosion*, G. Kobrin (ed.), p. 31, NACE International, Houston, TX, (1993).

(17) Videla, H. A., Guiamet, P. S., Do Valle, S. M., Reinoso, E. H., "Effects of Fungal and Bacterial Contaminants of Kerosene Fuels on the Corrosion of Storage and Distribution Systems", *Corrosion/98*, paper No. 91, NACE International, Houston, TX, (1988).

Capítulo 5

Eletroquímica da biocorrosão

Mesmo que se mantenha válida a natureza eletroquímica do processo de corrosão para a biocorrosão, deve-se tomar cuidado ao aplicar conceitos teóricos de corrosão inorgânica à interfase metal/solução biologicamente condicionada.

Vimos no Cap. 2 que a presença de biofilmes sobre a superfície metálica é capaz de introduzir importantes mudanças no tipo e concentração de íons, pH, níveis de oxigênio, velocidade de fluxo de líquidos e capacidade tampão do meio nas proximidades do metal (1). Na corrosão inorgânica, a interfase metal/eletrólito se caracteriza por uma distribuição de cargas elétricas que pode ser descrita por meio de um modelo de dupla camada elétrica (2). Esse modelo foi desenvolvido com o uso do eletrodo gotejante de mercúrio, cuja interfase, com uma série de diversos eletrólitos, se comporta como idealmente polarizável. Entretanto, essa interfase metal/solução difere daquela geralmente encontrada nos processos de biocorrosão.

Em um trabalho (3), foi adaptado o conceito de dupla camada elétrica ao fenômeno interfacial que ocorre na presença de biofilmes, incorporando os diferentes processos de adsorção presentes na interfase, a formação de biofilmes e sua natureza coloidal e a influência do campo elétrico nos microrganismos. Segundo a publicação, a interfase no processo de biocorrosão poderia assemelhar-se à de uma membrana aderida à superfície do metal, que contém em sua estrutura vários sistemas redox em série.

A biocorrosão foi descrita pela primeira vez no final do século XIX, por Garret (4). Mas as publicações que seguiram o tema até a última década do século XX, em sua maioria, raramente interpretam a participação dos microrganismos na reação de corrosão sob o critério eletroquímico, ou melhor, bioeletroquímico.

PROCESSO ABIÓTICO DE CORROSÃO

A corrosão pode ser definida como o ataque produzido sobre um metal por um meio agressivo, com a conseqüente deterioração do substrato. A corrosão é um processo eletroquímico causado por um fluxo de eletricidade de um metal para outro metal ou para qualquer outro sumidouro de elétrons. Como conseqüência da reação com o ambiente, os metais passam de seu estado elementar para uma forma combinada. Isso indica que a corrosão é um processo natural, espontâneo, pois todos os metais — com exceção dos metais nobres — tendem a retornar à forma de óxido.

Toda reação eletroquímica envolve a transferência de elétrons por meio da superposição de reações de oxidação e redução. Para que ocorra o processo de corrosão, é necessário um meio líquido condutor do fluxo de íons (o eletrólito). A água do mar, assim como diversos tipos de água industrial, devido a seu conteúdo salino, constitui excelente eletrólito, facilitando a condução da eletricidade de uma região negativa para outra positiva.

O processo de corrosão abiótico realiza-se em presença de dois elementos: o metal e o eletrólito. Se a reação ocorre em uma célula eletroquímica, corresponde à reação *anódica* (de oxidação), com dissolução da superfície metálica na forma de cátions metálicos. Outra reação — catódica (de redução) —, necessária para retornar a corrente ao eletrodo e consumir os elétrons produzidos no ânodo, poderá ocorrer no mesmo metal, se a composição do eletrólito for diferente. No Cap. 1, esse processo foi exemplificado com uma gota de água depositada sobre a superfície de um substrato que é corroído, como o ferro; agora veremos como ele transcorre em uma célula eletroquímica.

Na célula eletroquímica, ambas as reações (anódica e catódica) devem acontecer a velocidades equivalentes, e a dissolução do metal ocorrerá sobre o ânodo. O acúmulo de elétrons no cátodo deve ser evitado por meio do consumo, ocorrendo uma destas duas reações:

- redução de oxigênio (em pH neutro e solução aerada),

$$O_2 + 2H_2O + 4e \rightarrow 4OH^-;$$

- redução de prótons (em meio ácido e desaerado),

$$H^+ + e \rightarrow H.$$

Ou

$$H_3O^+ + e \rightarrow \tfrac{1}{2}H_2 + H_2O,$$

$$H + H \rightarrow H_2$$

(essa reação de recombinação de átomos de hidrogênio é muito lenta e explica por que não é freqüente a corrosão em ambientes anaeróbios, salvo na presença de microrganismos).

Outras reações alternativas de consumo de elétrons podem ser fornecidas pelo metabolismo de bactérias, como é o caso das BRS, que contribuem com outros reagentes catódicos, como o hidrogênio sulfetado ou os bissulfetos, por exemplo:

$$2H_2S + 2e \rightarrow 2HS^- + H_2.$$

Segundo Costello (5) — mas em contraposição ao postulado pela teoria da despolarização catódica (baseada na ação de despolarização da hidrogenase) —, as BRS acelerariam a corrosão do ferro por meio dessa reação de redução de sulfeto de hidrogênio biótico.

Em meios ácidos desaerados, a redução de prótons constitui a principal reação catódica em lugar da redução de oxigênio. O fluxo de corrente introduz na interfase metal/solução uma mudança (*polarização*) que diminui a velocidade do processo eletroquímico total. A reação de dissolução tende a desacelerar devido, por exemplo, ao acúmulo de produtos de corrosão na superfície, que protege o metal do meio corrosivo, levando-o a um estado inerte ou *passivo*. Qualquer efeito que consiga acelerar a reação novamente o fará por meio de um processo de *despolarização* (anódica ou catódica). Se um filme protetor sobre a superfície metálica é capaz de aderir fortemente ou resistir à remoção por efeito do fluxo ou a seu rompimento por íons agressivos presentes no meio (por exemplo, cloretos), esse filme assegurará que o metal permaneça passivo no meio. Em muitos casos de biocorrosão, a interação entre biofilmes e produtos inorgânicos de corrosão condiciona o comportamento final do metal diante de um meio agressivo (6).

O critério *termodinâmico* foi aplicado com freqüência aos processos de biocorrosão (7, 8). Entretanto permite apenas predizer quais são as condições em que uma superfície metálica permanecerá ativa ou passiva em um eletrólito, coisa difícil de assegurar em um meio onde o crescimento biológico é altamente mutável e dinâmico. Será, então, mais importante conhecer a velocidade da possível reação de corrosão.

A corrosão, mesmo que termodinamicamente possível, pode transcorrer a velocidade muito baixa e, do ponto de vista prático, ser irrelevante. Um exemplo temos no alumínio, que, apesar de instável em condições de equilíbrio, é corroído com menor velocidade que o ferro, termodinamicamente mais estável.

CURVAS DE POLARIZAÇÃO (DIAGRAMA DE EVANS)

A velocidade do processo de corrosão pode ser medida por meio da corrente anódica, que é proporcional aos íons metálicos que deixam a superfície para entrar na solução. É melhor relacionar a velocidade de corrosão à corrente por unidade de área, que chamamos de *densidade de corrente*, expressa em miliampères (mA) ou microampères (μA) por unidade de área (cm^2).

É fácil entender que o efeito de certa corrente sobre uma pequena área do metal seria diferente do efeito da mesma quantidade de corrente sobre uma área

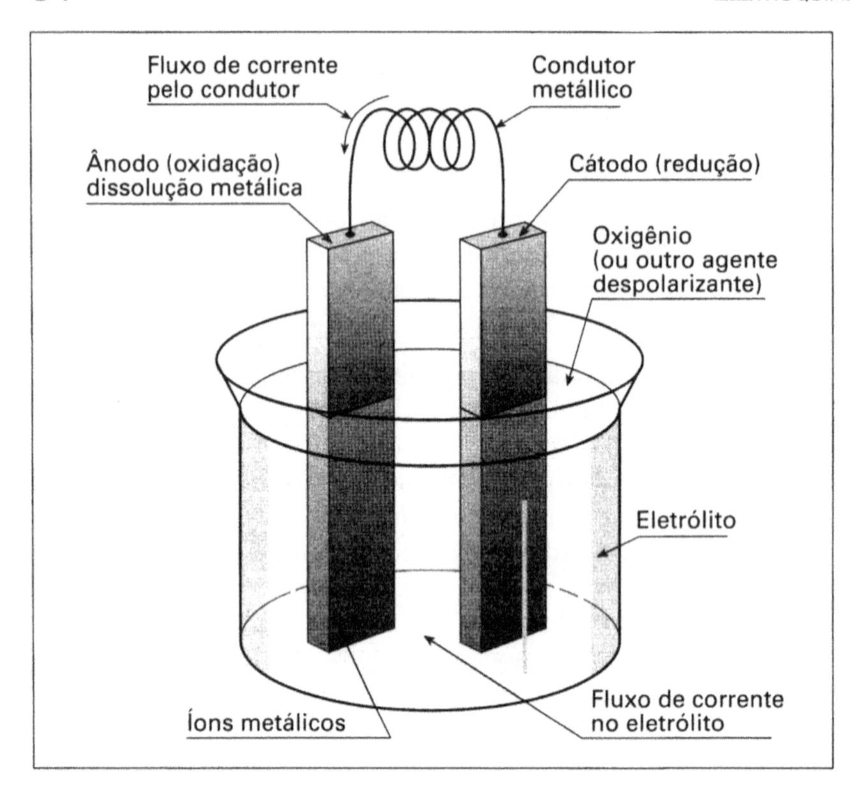

Figura 5-1
Reação anódica e reação catódica do processo de corrosão em uma célula eletroquímica. [Ref. (1), com permissão de CRC Lewis Publishers.]

muito maior. Como a corrente anódica deve migrar através do eletrólito e retornar ao metal no cátodo, a corrente catódica deve ser igual à anódica. Dessa forma, a corrosão de um metal pode ser expressa por meio de uma célula eletroquímica equivalente, tal como mostrado na Fig. 5-1.

Se a resistência externa estiver em curto-circuito ($R = 0$) e a resistência interna for suficientemente pequena para ser desprezada, a corrente que flui pela célula eletroquímica será a corrente de corrosão, e seu potencial será o correspondente ao potencial de corrosão, fácil de medir experimentalmente.

Se empregamos eletrodos de referência externos, poderemos medir o potencial de cada eletrodo da célula separadamente. Supondo que as velocidades de ambas reações (anódica e catódica) se devem a processos de transferência de carga, o comportamento de um metal com relação à corrosão em um determinado eletrólito poderá ser representado por um diagrama potencial/corrente ou diagrama de polarização. Colocando as correntes (anódica e catódica) em um gráfico, ambas no eixo das abscissas, teremos um diagrama de Evans como o mostrado na Fig. 5-2. Como a relação entre potencial e corrente responde a uma relação logarítmica, a interseção das linhas correspondentes ao potencial e à corrente será um ponto que representa a corrente que flui através da célula eletroquímica e ao potencial de corrosão do metal nesse eletrólito.

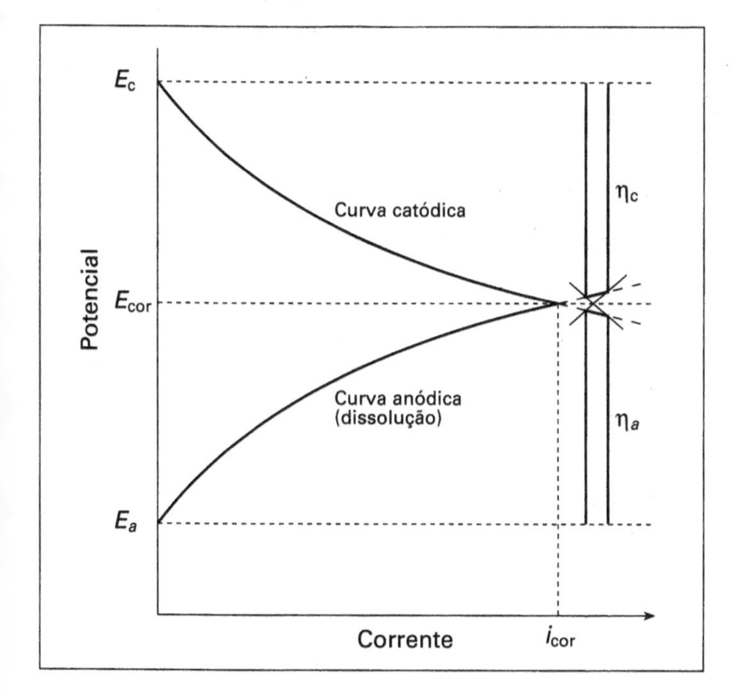

Figura 5-2
Diagrama de Evans. [Ref. (1), com permissão de CRC Lewis Publishers.]

CORROSÃO LOCALIZADA E BIOCORROSÃO

A corrosão se manifesta em formas muito variadas (Fig. 5-3), mas pode ser dividida em dois grandes grupos: corrosão *uniforme* e corrosão *localizada*. A corrosão uniforme não constitui um problema tecnicamente grave, já que sua velocidade pode ser controlada com razoável exatidão para se predizer o tempo de vida útil de uma estrutura e, assim, tomarem-se as medidas preventivas necessárias.

Entretanto, quando os sítios sobre o metal onde ocorrem as reações anódica e catódica se separam permanentemente, produz-se corrosão localizada. A concentração da atividade anódica em uma área restrita do metal pode ser grave, já que este será perfurado em curto tempo e a estrutura precisará ser reparada ou substituída. A relação entre a área anódica e a área catódica também é importante: se uma área anódica pequena for acoplada a uma área catódica grande, a dissolução do metal será tão rápida quanto possível fisicamente.

A corrosão localizada pode ser induzida sobre uma superfície metálica por depósitos (bióticos e abióticos), que originam uma célula de aeração diferencial ou de concentração de oxigênio. Em uma célula desse tipo, a área sob o depósito (área menos oxigenada) atuará como ânodo, enquanto a área descoberta atuará como cátodo (ver as Figs. 1-1 e 1-2). Dessa forma, a reação de corrosão dependerá da continuidade do eletrólito entre o ânodo e o cátodo. Se essa continuidade não for possível, terá origem um efeito de corrosão por frestas (*crevice*), que produzirá uma região anelar de corrosão ao redor da borda do depósito. Exemplo típico desse tipo de ataque é aquele produzido sob um parafuso ou uma arruela, ou também

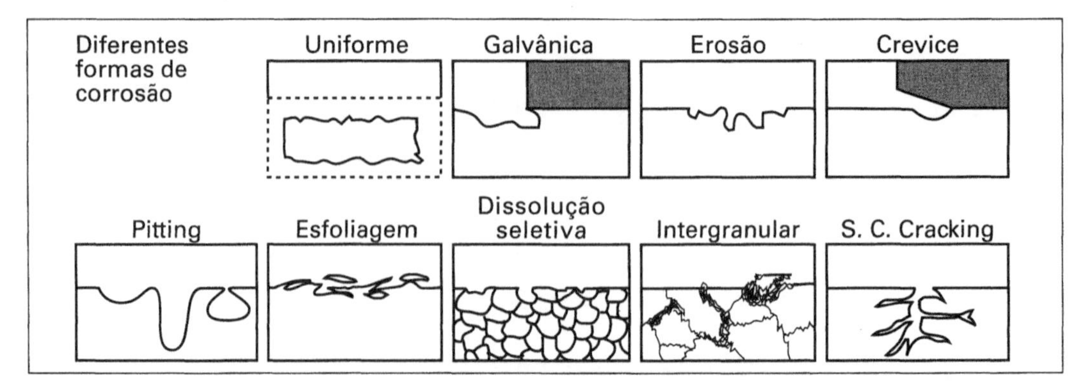

Figura 5-3 As diferentes formas de corrosão. [Ref. (1), com permissão de CRC Lewis Publishers.]

sob o biofouling aderido a uma superfície metálica (Fig. 5-4 e 5-5). Nesse caso, a corrosão costuma ser rápida e grave, como na corrosão por pites.

Pelo visto até aqui, pode-se entender facilmente que qualquer efeito biológico que incremente (ou diminua) um dos componentes da reação de corrosão (anódica ou catódica), ou separe, permanentemente, os sítios anódicos e catódicos, aumentará a velocidade do processo de corrosão total.

Em vista das reduzidas dimensões dos microrganismos e de sua ampla distribuição na natureza, é fácil encontrá-los em áreas restritas do metal, atacando através de algum tipo de corrosão localizada (principalmente por pites ou por formação de frestas). Mesmo em ligas resistentes à corrosão, como os aços inoxidáveis, os biofilmes microbianos facilitam o início da corrosão localizada, pela formação de células de aeração diferencial em função da distribuição não-uniforme dos depósitos biológicos ou da aceleração da reação catódica de redução de oxigênio (9).

A corrosão localizada por pites se caracteriza pela existência de um valor-limite de potencial anódico abaixo do qual o metal permanece passivo, porém acima do qual começa um aumento marcante de corrente, que indica o início e a progressão dos pites (Fig. 5-6). Esse valor é denominado *potencial de pites* (E_p) ou *potencial de ruptura de passivação* (E_b), de acordo com a técnica empregada para sua determinação. Esse parâmetro permite uma avaliação quantitativa da resistência à corrosão por pites para um metal em determinado meio e pode ser útil para testar o comportamento de um metal ou liga metálica diante da biocorrosão, como descrito em várias publicações (10, 11).

Um outro valor de potencial igualmente útil para caracterizar o processo de corrosão localizada por pites é o *potencial de repassivação* (E_r), que representa o potencial abaixo do qual não se formam novos pites sobre a superfície metálica. Se um ciclo de potencial é efetuado registrando-se a corrente em função do potencial, quanto maior a diferença entre E_p e E_r (Fig. 5-7), maior será a susceptibilidade do metal à corrosão por frestas (12). Enquanto o valor de E_p depende da composição do eletrólito em contato com o metal e de seu estado superficial, E_r é função da composição do eletrólito contido nos pites.

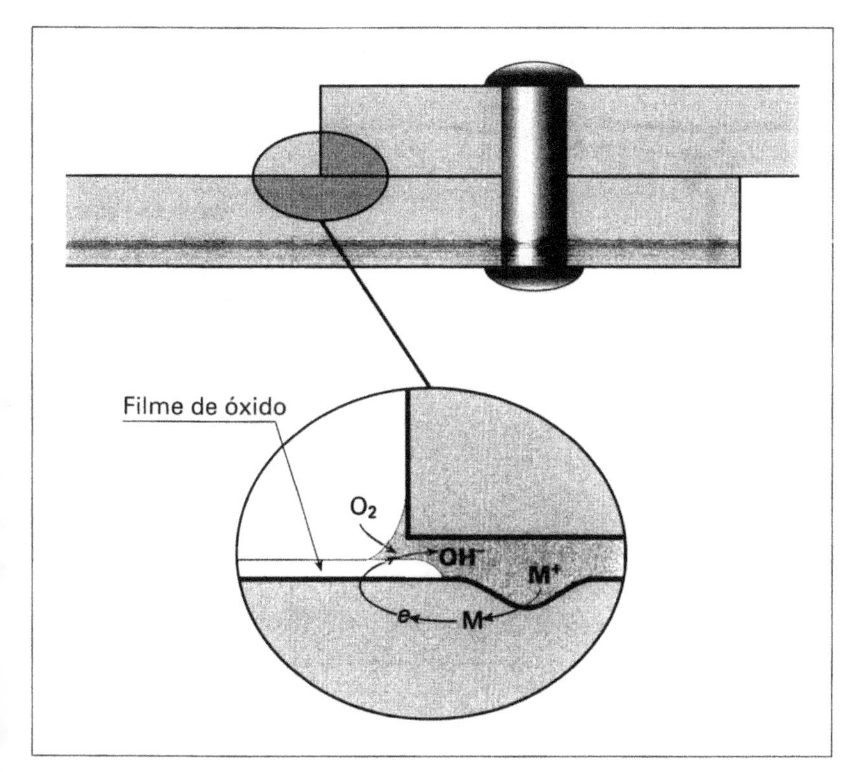

Figura 5-4
Corrosão por frestas (*crevice*) em duas placas metálicas superpostas. [Ref. (1), com permissão de CRC Lewis Publishers.]

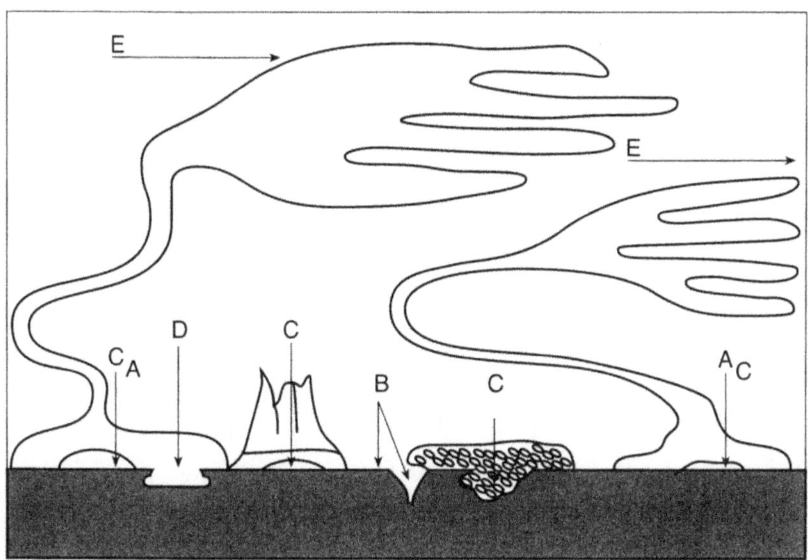

Figura 5-5
Corrosão por frestas (*crevice*) sob depósito de macrofouling biológico; A *crevice*; B, aeração diferencial; C, áreas anaeróbicas D, remoção de metal; E, arraste do macrofouling [Edyvean, R. G., Dexter, S. C., "MIC in Marine Industries", em *A Pratical Manual on Microbiologically Influenced Corrosion*, Kobrin, G. (ed.), NACE International, Houston, TX, Cap. 7, p. 47 (1993), com permissão da NACE International.]

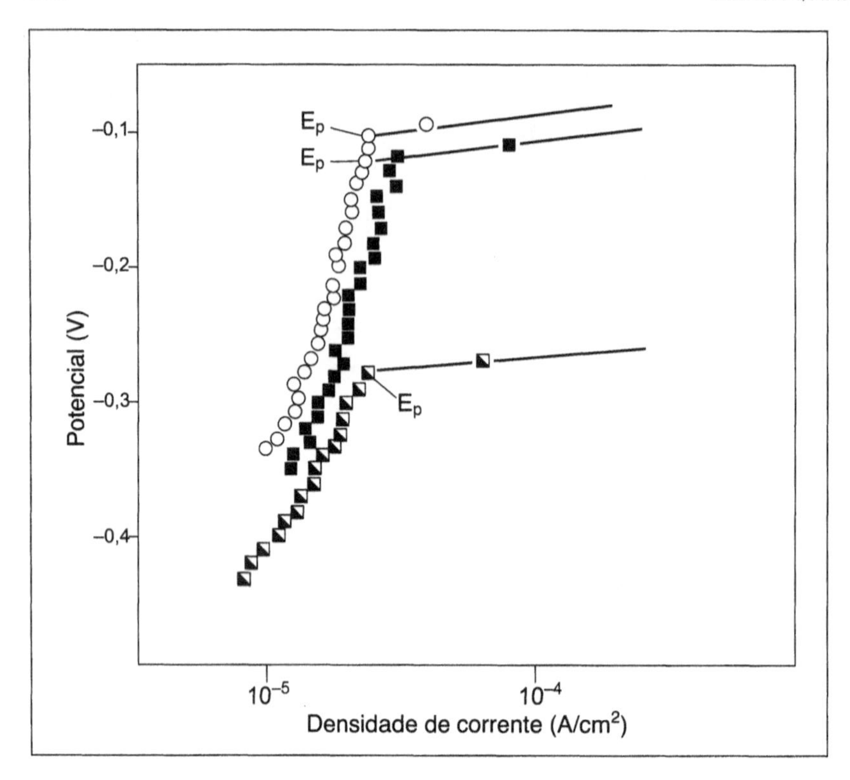

Figura 5-6 Potenciais de pites (E_p) em curvas potenciostáticas de polarização anódica, correspondentes ao alumínio 99,9%. Em meio estéril (○); em cultura de *Pseudomonas aeruginosa* (■) e em uma mistura de metabólitos de bactérias e fungos (*Hormoconis resinae*) (◩) [Ref. (10), com permissão da Elsevier Science.]

No interior dos pites, o metal é corroído a grande velocidade, correspondente a uma alta densidade de corrente (por exemplo, de 0,1 a 10 A/cm^2). Na região passiva do metal, observa-se uma densidade de corrente muito mais baixa (da ordem de 1 μA/cm^2, por exemplo).

Muitos são os fatores internos e externos ao metal que têm influência sobre os pites. Entre os internos, estão os efeitos relacionados aos elementos de liga, a espessura e as propriedades eletrônicas dos filmes de óxidos, o tratamento prévio, a frio e a quente, do metal e as regiões de solda. Já entre os fatores externos podemos citar a composição do eletrólito, o pH e a temperatura (13).

Com relação à corrosão por frestas, outra das formas freqüentes de corrosão localizada induzida por microrganismos, a diferença de densidade de corrente dentro e fora da fresta é imprescindível para que se estabeleça a corrosão. Essa diferença de corrente também pode ser produzida por uma diminuição do valor de pH no interior da fresta, pela hidrólise dos íons metálicos acompanhada do aumento na concentração de cloretos. Como fator adicional, a diminuição da concentração de oxigênio (pela respiração microbiana) torna a repassivação mais difícil e, no caso dos aços inoxidáveis, a corrosão por frestas pode ser muito severa. Foi demonstrado que o mecanismo bacteriano de consumo de oxigênio dentro da fresta pode ser tão rápido como o abiótico (14).

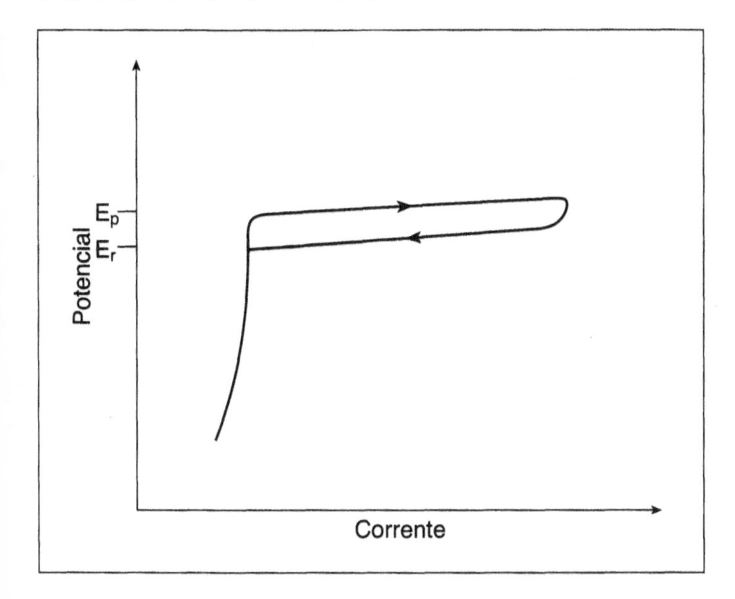

Figura 5-7
Potenciais de pites (E_p) e de repassivação (E_r) em uma curva potenciodinâmica de polarização anódica.

OUTRAS FORMAS DE CORROSÃO INDUZIDA POR MICRORGANISMOS

A dissolução seletiva e a corrosão intergranular são outras duas formas menos freqüentes em que pode se apresentar a biocorrosão. A primeira corresponde à dissolução preferencial do componente menos nobre de uma liga metálica, que deixa o mais nobre como um resíduo poroso. Dois exemplos são a dezinficação do bronze e a grafitização do aço fundido. Ambos foram reportados em casos de biocorrosão (15, 16), o último na corrosão de tubulações enterradas, dando apoio à teoria de depolarização catódica. Casos de biocorrosão do tipo intergranular (dissolução preferencial nos contornos dos grãos) foram publicados com relação aos aços inoxidáveis austeníticos e às ligas de cobre-níquel em água do mar (17).

Outras formas de corrosão localizada são a corrosão por tensões (*stress corrosion cracking*) e a corrosão por fadiga. Ambas são formas de ataque localizado, onde se combinam tensão mecânica e corrosão. Muitas ligas metálicas são sensíveis à corrosão por tensão, entre elas as ligas de cobre na presença de meios contendo amoníaco ou dióxido de enxofre, os aços inoxidáveis austeníticos em meios contendo cloretos e as ligas de alumínio em água de mar.

A corrosão por fadiga combina os efeitos simultâneos de uma tensão cíclica e corrosão e conduz, de forma sinérgica, à fratura do metal. Apresenta-se em uma variedade maior de meios do que a corrosão sob tensão e quase sempre na forma de falhas do tipo transgranular. Os microrganismos também participam dessas formas de corrosão pela produção de metabólitos agressivos do tipo ácido, entre eles o ácido sulfídrico. Várias publicações recentes se referem ao efeito das BRS em ambientes marinhos com relação à corrosão por tensões e por fadiga (18-20).

Finalmente, os microrganismos podem produzir corrosão por meio de alguns dos chamados *efeitos de hidrogênio*. Entre estes, dois dos mais relevantes são o empolamento por hidrogênio (*hydrogen blistering*) e a fragilização por hidrogênio (*hydrogen embrittlement*). Neste último caso, o metal perde ductilidade e resistência à tensão e por isso aparece geralmente associado à corrosão por fadiga. A atividade microbiana por meio de biofilmes e a produção de MPE podem influir na captação de hidrogênio (*hydrogen uptake*) na superfície metálica e causar fragilização em certos metais, geralmente por produção metabólica de sulfetos e hidrogênio sulfetado, como no caso das BRS (21).

MECANISMOS DE BIOCORROSÃO DO PONTO DE VISTA ELETROQUÍMICO

Com um critério eletroquímico podemos distinguir dois tipos de efeitos bióticos sobre a reação de corrosão: os efeitos *anódicos* e os *catódicos*. Vejamos as características de cada um.

- Efeitos anódicos
  - Produção de metabólitos corrosivos (por exemplo, ácidos orgânicos produzidos por fungos como o *Hormoconis resinae*).
  - Produção de metabólitos que incrementam a corrosividade de outros íons presentes no meio (por exemplo, sulfetos produzidos por BRS potencializam a indução dos pites devido a cloretos presentes na água do mar).
  - Consumo de inibidores de corrosão pelo metabolismo microbiano (por exemplo, consumo fúngico de nitratos — que são inibidores da corrosão do alumínio — como fonte de nitrogênio).

- Efeitos catódicos
  - Produção de reagentes catódicos (por exemplo, hidrogênio sulfetado, pela redução de sulfatos pelas BRS, ou prótons, resultantes da produção de metabólitos ácidos).
  - Indução da formação de células de aeração diferencial (por exemplo, por consumo de oxigênio na respiração das bactérias aeróbicas).
  - Despolarização da reação catódica (por exemplo, efeito atribuído à enzima hidrogenase das BRS pela teoria de despolarização catódica).

Todos esses mecanismos podem transcorrer de forma simultânea ou consecutiva. É muito difícil que um caso de biocorrosão se deva a um único mecanismo. Os mecanismos podem acontecer sinergicamente ou às vezes se contrapor. Por outro lado, a diversidade de microrganismos e de metabólitos resultantes da dinâmica dos biofilmes, ou consórcios microbianos, pode reverter um processo de corrosão, como será analisado no Cap. 7.

TÉCNICAS ELETROQUÍMICAS PARA ESTUDO DA BIOCORROSÃO

Conforme reiterado em diversas oportunidades, apesar de a participação dos microrganismos ser ativa no fenômeno, a biocorrosão é, por natureza, um processo eletroquímico. Por isso, as técnicas eletroquímicas de avaliação da corrosão deveriam ser úteis no estudo e acompanhamento da biocorrosão, tanto em laboratório como em campo. Não obstante, devem-se ter presentes as marcantes diferenças entre a interfase metal/solução abiótica e a interfase biologicamente condicionada pelos biofilmes microbianos. A utilização das técnicas eletroquímicas deverá ser analisada com todo cuidado e devidamente complementada com um adequado estudo simultâneo dos aspectos microbiológicos e metalográficos que intervêm no processo.

Uma descrição detalhada do uso e limitações das técnicas eletroquímicas no estudo da biocorrosão ultrapassa o conteúdo deste capítulo, de modo que remetemos o leitor às várias publicações recentes sobre o tema (22-24). Na Tab. 5-1 encontra-se uma relação das técnicas eletroquímicas mais relevantes para o estudo e acompanhamento da biocorrosão, ressaltando-se a diferença entre as técnicas empregáveis em laboratório ou em campo.

TABELA 5-I

TÉCNICAS ELETROQUÍMICAS MAIS RELEVANTES PARA O ESTUDO E ACOMPANHAMENTO DA BIOCORROSÃO

Potencial de corrosão ou de circuito aberto (L).
Potencial redox (L, C).
Técnicas de polarização (diagramas de Evans) (L, C).
Polarização de Tafel (L, C).
Técnicas potenciodinâmicas. Determinação de E_p e E_r (L, C).
Tempo de indução para formação de pites (L).
Resistência de polarização linear (L, C).
Resistência elétrica (C).
Espectroscopia de impedância eletroquímica (L).
Ruído eletroquímico (L, C).
Monitores eletroquímicos de biofilmes (L, C).

L = laboratório; C = campo.

BIBLIOGRAFIA

(1) Videla, H. A., "Fundamentals of Electrochemistry", em: *Manual of Bicorrosion*, p. 73, CRC Lewis Publishers, Boca Raton, Fl, (1996).

(2) Bockris, J. O. M., Drazic, D., "The Stability of Metals", em: *Electrochemical Science*, p. 239, Taylor & Francis, London, (1972).

(3) Arvía, A. J., "Electrochemical approach of the metal/solution interface in biodeterioration", em: *Proc. Argentine-USA Workshop Biodet.*, H. A. Videla (ed.), p. 5, Aquatec Química, São Paulo, Brasil, (1986).

(4) Garret, J. H., *The action of Water on Lead*, H.K. Lewis, London, (1891).

(5) Costello, J. A., *S. Afr. J. Sci.* **70**, 202, (1974).

(6) Videla, H. A., "Metal Dissolution Redox in Biofilms", em: *Structure and Function of Biofilms*, W. G. Characklis, P. A. Wilderer (eds.), p. 301, John Wiley & Sons, Chichester, UK, (1989).

(7) Bockris, J. O. M, Reddy, A. K. N., "Some Electrochemical Systems of Technological Interest", em: *Modern Electrochemistry*, Vol. 2, p. 1265, McDonald, London, (1970).

(8) Jones, D. A., Amy, P. S., Castro, P., "Electrochemical Characteristics of MIC", *Corrosion/97*, Paper No. 221, NACE International, Houston, TX, (1997).

(9) Videla, H. A., "Electrochemical Aspects of Biocorrosion", em: *Bioextraction and Biodeterioration of Metals*, C. C. Gaylarde, H. A. Videla (eds.), p. 85, Cambridge University Press, Cambridge, UK, (1995).

(10) Salvarezza, R. C., de Mele, M. F. L., Videla, H. A., *Int. Biodet. Bull.* **15** (2), 39, (1979).

(11) Videla, H. A., "Electrochemical Interpretation of the Role of Microorganisms in Corrosion", em: *Biodeterioration* 7, D. R. Houghton, R. N. Smith, H. O. W. Eggins (eds.), p. 359, Elsevier Applied Sciences, London, (1988).

(12) Wilde, B. E.,Williams, E., *Electrochem. Acta* **16**, 1971, (1971).

(13) Szklarska-Smialowska, Z., "Passive Films and their Role in Pitting", em: *Pitting Corrosion of Metals*, p. 3, NACE International, Houston, TX, (1986).

(14) Dexter, S. C., Lucas, K. E., Gao, G. Y., "The Role of Marine Bacteria in Crevice Corrosion Initiation", em: *Biologically Induced Corrosion*, S. C. Dexter (ed.), p. 144, NACE International, Houston, TX, (1986).

(15) Alanis, I, Berardo, L., de Cristofaro, N., Moina, C., Valentini, C., "A Case of Localized Corrosion in Underground Brass Pipes", em: *Biologically Induced Corrosion*, S.C. Dexter (ed.), p. 102, NACE International Houston, TX, (1986).

(16) von Wolzogen Kühr, G. A. H., Van der Vlugt, L. R., *Water (den Haag)* **18**, 147, (1934) (Tradução em *Corrosion* **17**, 293, 1961).

(17) Videla, H. A., "Biocorrosion of Nonferrous Metal Surfaces", em: *Biofouling and Biocorrosion in Industrial Water Systems*, G.G. Geesey, Z. Lewandowski, H. C. Flemming (eds.), p. 231, Lewis Publishers, Boca Raton, FL, (1994).

(18) Edyvean, R. G. J., *Int. Biodet.* **23**, 199, (1987).

(19) Thomas, C. J., Edyvean, R. G. J., Brook, R., *Biofouling* **1**, 65, (1988).

(20) Edyvean, R. G. J., *MTS Journal* **24**, 5, (1990).

(21) Edyvean, R. G.,J., Benson, J., Thomas, C. J., Beech, I.,B., Videla, H. A., "Biological Influences on Hydrogen Effects in Steel in Seawater", *Corrosion/97*, Paper No. 206, NACE International, Houston, TX, (1997).

(22) Duquette, D. J., "Electrochemical Techniques for Evaluation of Microbiologically Influenced Corrosion Processes, Advantages and Disavantages", em: *Proc. Argentine-USA Workshop Biodet.*, H. A. Videla (ed.) p. 15, Aquatec Química, São Paulo, Brasil, (1986).

(23) Mansfeld, F., Little, B. J., "The Application of Electrochemical Techniques for the Study of MIC. A Critical Review.", *Corrosion/90*, Paper No.108, NACE International, Houston, TX, (1990).

(24) Dexter, S. C., Duquette, D. J., Siebert, O. W., Videla, H. A., *Corrosion* **47**, 308, (1991).

Capítulo 6

Casos Relevantes de Biocorrosão

Biocorrosão do Ferro por Bactérias Redutoras de Sulfato

A biocorrosão do ferro e de suas ligas por BRS em ambientes industriais e naturais é um dos temas que mais têm merecido atenção no estudo da biocorrosão, por sua importância econômica e incidência na prática. Esse tipo de biocorrosão é encontrado com freqüência na indústria petrolífera, tanto na fase extrativa, de processamento, de distribuição e armazenamento, como no uso dos produtos acabados (por exemplo, emulsões para corte ou combustíveis do tipo querosene), na indústria de papel, de processos químicos, no transporte e distribuição de gás natural, etc. A partir da Teoria de Despolarização Catódica (TDC), de von Wolzogen Kuhr e Van der Vlugt (1), já mencionada no Cap. 4, e mostrada na Fig.6-1, inúmeros trabalhos de revisão e de pesquisa especializada tratando desse caso de biocorrosão foram publicados na literatura (2-7).

Reação total:	$4\,Fe + SO_4^{=} + 4H_2O = 3Fe(OH)_2 + FeS + 2OH^-$	
Dissolução metálica:	$4Fe = 4Fe^{++} + 8e^-$ (Ânodo)	Célula eletroquímica
Redução de hidrogênio: (*metal*)	$8H^+ + 8e^- = 8H_{ad.}$ (Cátodo)	
Dissociação da água: (*meio eletrolítico*)	$8H_2O = 8H^+ + 8OH^-$	Efeito despolarizador catódico
Consumo microbiano de H: (*microrganismos*)	$SO_4^{=} + 8H = S^{=} + 4H_2O$	
Produtos de corrosão:	$Fe^{++} + S^{=} = FeS$ $\quad 3Fe^{++} + 6OH^- = 3Fe(OH)_2$	

Figura 6-1 Reações da Teoria de Despolarização Catódica.

CARACTERÍSTICAS DA BIOCORROSÃO ANAERÓBICA DO FERRO E DE AÇOS POR BRS

A corrosão encontrada no ferro e suas ligas é do tipo localizado e predominantemente por pites, com produtos de corrosão pouco aderentes, de cor escura e geralmente com odor de sulfeto de hidrogênio. Trata-se de um tipo gravíssimo de corrosão, uma vez que perfura as paredes de tubulações ou de tanques de armazenamento em curto tempo. A velocidade da corrosão, pouco usual, ocorre porque a atividade metabólica (e corrosiva) das BRS pode aumentar drasticamente dentro dos consórcios microbianos, que se estabelecem nas camadas de biofilmes (Fig. 6-2) formados na interfase metal/solução (8). Nesses biofilmes formam-se zonas anaeróbicas, ainda que em meios oxigenados (9), fornecendo às BRS condições favoráveis para seu crescimento. Como resultado da presença do biofilme, surge sobre a superfície metálica uma grande quantidade de sítios com diferenças físico-químicas em relação às zonas adjacentes, facilitando assim o processo de corrosão localizada.

No caso da corrosão por pites (10), em que estes se apresentam cheios de produtos de corrosão moles e de cor escura, constituídos principalmente por sulfetos de ferro, após a remoção desses depósitos, o metal se apresenta brilhante, mas se oxida rapidamente por exposição ao ar. Os pites geralmente apresentam uma estrutura escalonada, concêntrica, cuja causa foi explicada em publicação recente [Lee *et al.* (11)], conforme representado na Fig. 6-3.

Em tubulações enterradas e em diversos ambientes industriais e marinhos, a atividade metabólica das BRS introduz no meio diversos compostos de enxofre, tanto como produtos finais do metabolismo (sulfetos, bissulfetos e sulfeto de hidrogênio) quanto como produtos intermediários (tiossulfatos, politionatos) (5), conforme se pode ver na Fig. 6-4. Esses compostos do enxofre, provenientes da redução dos íons sulfato pelas BRS, são reconhecidamente corrosivos para o ferro e suas ligas (12). Sobre o aço, quando este é exposto aos ânions de enxofre, forma-se inicialmente um filme de mackinawita (FeS), um sulfeto rico em ferro, mas pouco protetor para a superfície. Esse filme se transforma rapidamente, por meio de reações biológicas e eletroquímicas, para produzir filmes de sulfetos de ferro mais estáveis, tais como greigita (Fe_3S_4), esmetita ($Fe_{(3+x)}S_4$), ou pirrotita ($Fe_{(3+x)}S$). Termodinamicamente, o tipo de sulfeto mais estável sobre o ferro é a pirita (FeS_2) (5).

Os diversos caminhos biológicos e eletroquímicos de interconversão de sulfetos de ferro em meios aquosos para produzir filmes de sulfetos de ferro foram relatados por Rickard (13) (Fig. 6-5). Em todos os casos, os sulfetos de ferro se caracterizam por causar um marcante efeito catódico de despolarização da reação de redução de hidrogênio, o que induz uma aceleração indireta na velocidade de corrosão por via catódica (14).

O papel dos sulfetos de ferro na reação de corrosão constitui um dos aspectos mais relevantes na biocorrosão do ferro por BRS, em que a superfície metálica

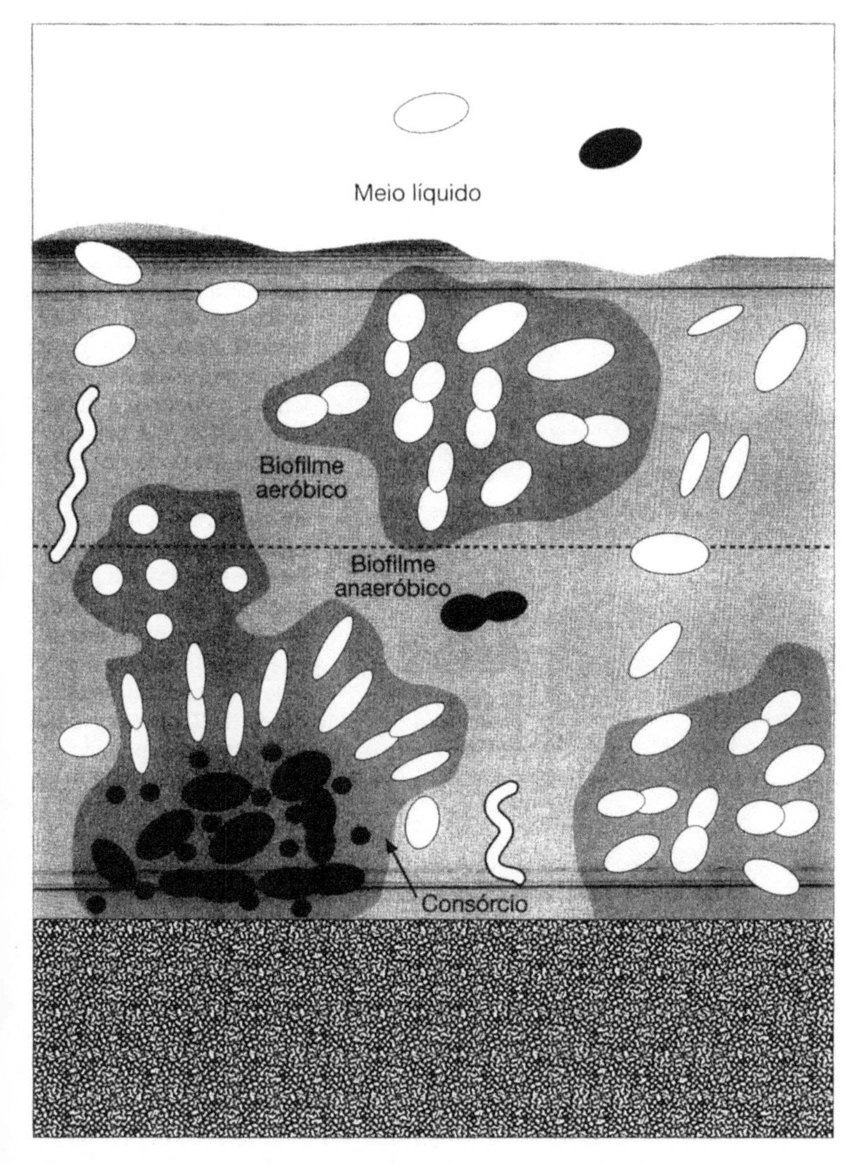

Figura 6-2 Consórcios microbianos no interior de um biofilme. [Com permissão da NACE International, ref. (9).]

raramente se apresenta livre de depósitos de diferente natureza: sulfetos, óxidos, hidróxidos de ferro e, também, biofilmes (15). À luz do conhecimento atual, o processo de biocorrosão do ferro por BRS deve ser interpretado como um fenômeno de ruptura do filme passivo pelos metabólitos corrosivos que as BRS introduzem no meio. No caso da água do mar, uma ação sinérgica entre os íons cloreto e os sulfetos biogênicos aumenta ainda mais a intensidade e velocidade do ataque ao metal (16).

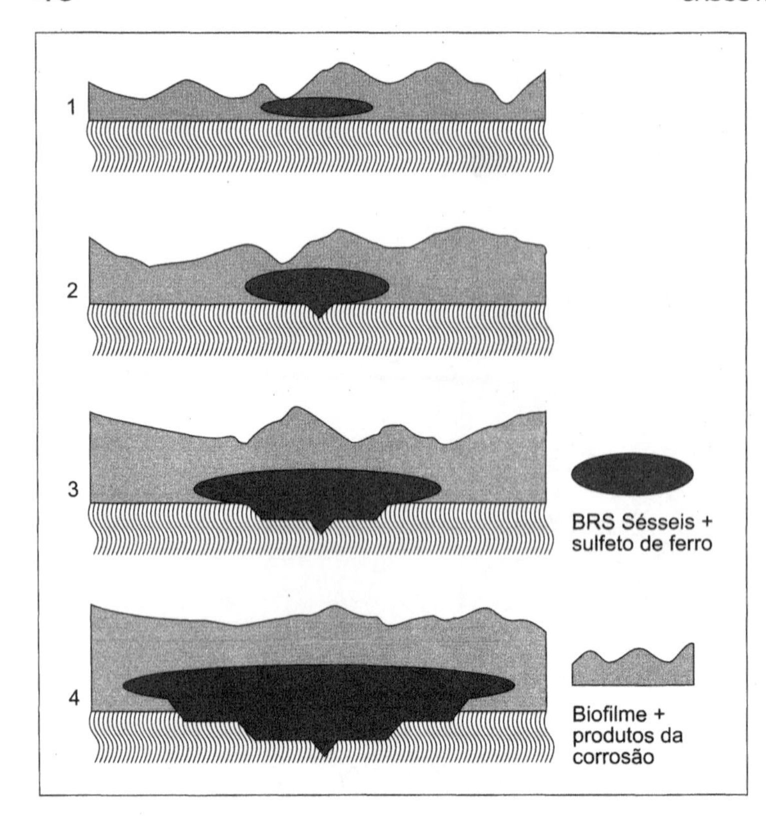

Figura 6-3
Etapas na formação de um pite, na corrosão do aço-carbono induzida por BRS em meio líquido contendo oxigênio. (1) A atividade das BRS produz acúmulo de sulfeto de ferro no interior dos depósitos de biofouling. (2) O contato entre o sulfeto de ferro e o metal dá origem a uma célula galvânica FeS/Fe; o ferro é o ânodo e o sulfeto é o cátodo. (3) A expansão da atividade das BRS aumenta a precipitação de sulfeto de ferro e a célula se potencializa. (4) Pites profundos resultam segundo a relação cátodo/ânodo, enquanto a estrutura escalonada do pite reflete a ação progressiva das BRS. [Com permissão da Harwood Academic Publishers, ref. (11).]

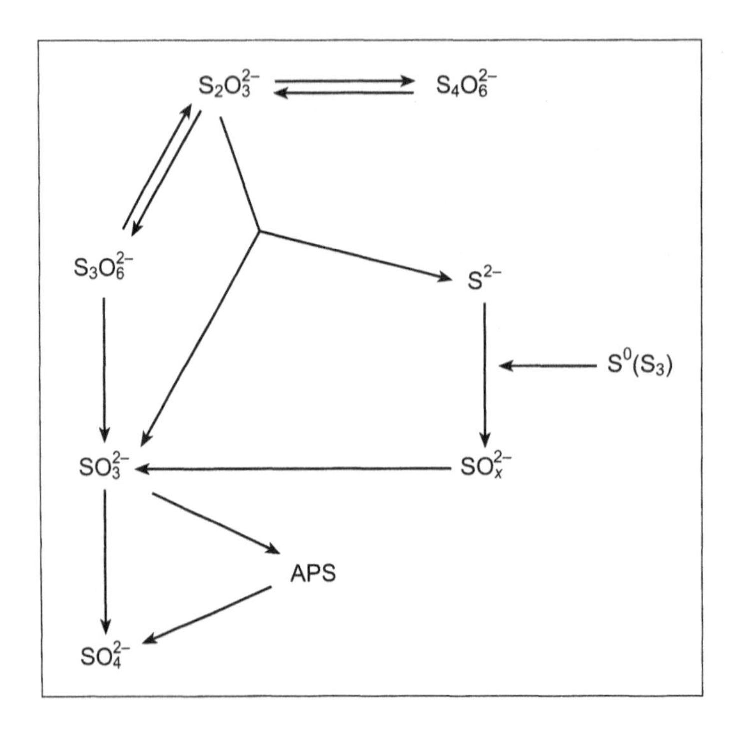

Figura 6-4
Produtos intermediários e finais do metabolismo das BRS. (APS, fosfosulfato de adenosina). [Com permissão da Elsevier Science, ref. (5).]

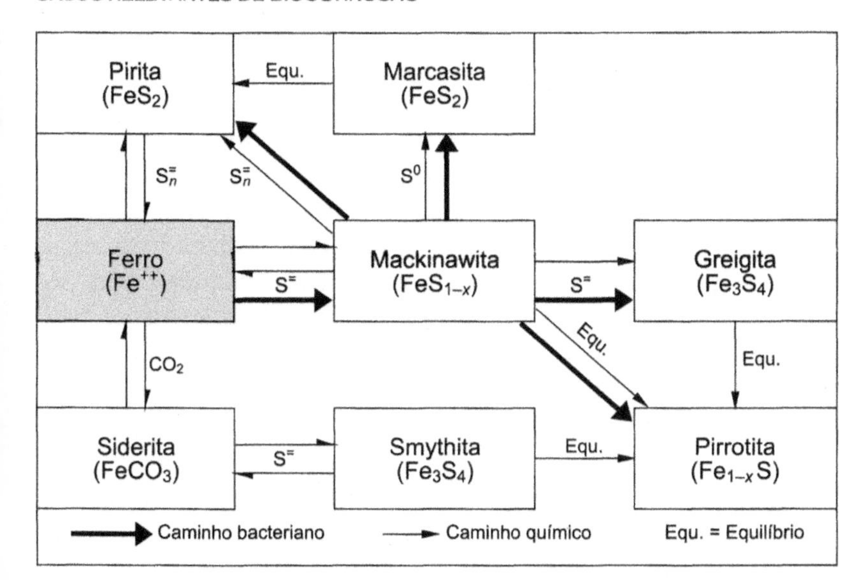

Figura 6-5 Esquema da interconversão biológica e eletroquímica dos sulfetos formados pelas BRS. [Com permissão da NACE International, ref. (6).]

Teoria de Despolarização Catódica – atividade hidrogenásica das BRS

Segundo a TDC (1), o processo de biocorrosão é acelerado catodicamente pelo consumo enzimático do hidrogênio mediante a capacidade hidrogenásica das BRS (ver o Cap. 1). Essa "despolarização catódica" se viabiliza pela remoção do hidrogênio adsorvido na superfície metálica, que "polariza" ou detém o processo desfavorecendo a recombinação de átomos de hidrogênio na zona catódica. O termo "despolarização", empregado na teoria para descrever o efeito das BRS na corrosão, deve aplicar-se à redução da energia de ativação da reação de recombinação dos átomos de hidrogênio, etapa determinante da velocidade do processo.

Apesar de a TDC ter sido respaldada por diversas publicações que empregaram técnicas eletroquímicas (17-19), sugeriu-se que o efeito despolarizador atribuído à hidrogenase se deve, na realidade, ao hidrogênio sulfetado (20), que fornece uma reação catódica alternativa para viabilizar o processo global, conforme indicado no Cap. 1. Segundo diversas publicações de King e Miller (21, 22), o papel das BRS estaria limitado à remoção dos átomos de hidrogênio adsorvidos sobre o sulfeto ferroso, enquanto este último atuaria como verdadeiro agente despolarizador da produção de hidrogênio.

Interpretação bioeletroquímica da ruptura da passividade do aço em presença de BRS

Os processos de corrosão localizada e da ruptura da passividade dependem fortemente de vários fatores experimentais, como o tipo e a concentração de íons agressivos no meio e as características protetoras dos produtos de corrosão. Nesse sentido, publicamos vários trabalhos sobre o efeito dos sulfetos utilizando técnicas eletroquímicas, em condições controladas de laboratório, usando soluções tamponadas em diferentes valores de pH e, também, utilizando cultivos de BRS em meios salinos (12, 23, 24). Como uma síntese dos resultados desses estudos, foi formulada uma interpretação bioeletroquímica da ruptura da passividade do aço carbono (15) em presença de BRS nos termos a seguir enumerados.

1. O mecanismo de ação dos sulfetos biogênicos e abióticos sobre a ruptura da passividade do aço carbono é similar, apesar de a intensidade do ataque poder ser maior em condições bióticas que em abióticas. Isso se deve à capacidade potencializadora dos biofilmes bacterianos e às modificações físico-químicas no meio causadas pelas BRS ou seus consórcios com outros microrganismos no interior da estrutura dos biofilmes.
2. A ação corrosiva dos sulfetos depende da composição e das características dos produtos de corrosão existentes sobre o metal.
3. Em meio neutro, o tipo de sulfeto mais freqüente é a mackinawita de características pobremente protetoras.
4. A ruptura do filme passivo do aço seria a primeira etapa do processo anódico de corrosão. O papel das bactérias seria, portanto, indireto e devido à produção de espécies agressivas de enxofre como produto final ou intermediário do metabolismo das BRS.
5. As características físico-químicas do meio (pH, composição iônica, concentração de oxigênio) podem modificar a ação corrosiva das BRS, podendo reverter-se de corrosiva a passivante.
6. Os efeitos, atribuídos pela TDC à capacidade hidrogenásica das BRS ou aos depósitos de sulfeto, seriam desenvolvidos em uma segunda etapa do processo de corrosão, logo após a ruptura do filme passivo.
7. A ação dos sulfetos abióticos ou biogênicos pode potencializar-se, notoriamente, na presença de outros íons agressivos, como cloretos, sendo essa situação freqüente em instalações marinhas e portuárias.

Na última década do século passado, foram publicados diversos trabalhos sobre a biocorrosão do aço-carbono por BRS, cujas principais conclusões se resumem a seguir. Crolet (25-27) atribui às BRS uma capacidade reguladora sobre o pH do microambiente que rodeia o metal, fixando-o em um valor próximo à neutralidade. Sugere-se que as BRS teriam uma ação estabilizadora da corrosão por pites no aço em água do mar, em contraposição à ação de prevenção à corrosão por parte de outras bactérias marinhas do gênero *Vibrio*. As BRS seriam capazes de estabelecer uma célula galvânica estável sobre o aço, sendo a corrente galvânica anódica correspondente à concentração da população bacteriana.

Outro estudo sobre bactérias sulfidogênicas (diferentes das BRS), isoladas em jazidas de petróleo, permitiu comprovar a existência de microrganismos anaeróbicos que reduzem o tiossulfato a hidrogênio sulfetado. Esses microrganismos induzem a corrosão localizada do aço em altíssimas velocidades de corrosão. Um tal processo de redução de tiossulfatos poderia explicar a gravidade da corrosão freqüentemente observada na atividade de produção de petróleo. Esses resultados corroborariam outra informação existente na literatura (28) sobre a ação corrosiva de metabólitos intermediários das BRS, como os tiocianatos e tiossulfatos, sobre os pites do aço-carbono. A ação corrosiva se desenvolveria por meio do aumento da corrente de dissolução, impedindo a regeneração dos filmes protetores sobre o metal. Segundo esses resultados, o tiossulfato poderia ser um agente corrosivo mais efetivo que os cloretos em baixas concentrações.

Enxofre elementar, ferro dissolvido e oxigênio na biocorrosão do aço-carbono por BRS

Três fatores de relevância na corrosão anaeróbica do aço-carbono são: o papel do enxofre elementar no processo, o efeito do ferro solúvel e a presença de oxigênio dissolvido no meio.

Apesar de o enxofre elementar não ser um produto direto do metabolismo das BRS, sua ação corrosiva sobre o ferro é reconhecida na literatura e, em muitos casos, sua presença foi detectada em zonas próximas ao ataque. Schaschl (29) propõe um mecanismo de célula de concentração, similar à do oxigênio, em que altas concentrações de enxofre estariam em zonas adjacentes ao ataque por pites. Uma interpretação mais recente (30) propõe um processo que ocorreria em duas etapas: na primeira o sulfeto de ferro atuaria como filme protetor, limitando a difusão de íons ferrosos; e, na segunda (que ocorreria após a perda do estado passivo), o enxofre atuaria como despolarizador catódico, dando origem a uma célula eletroquímica em que o enxofre receberia elétrons. A transferência de elétrons dependeria do efeito catalítico dos sulfetos sobre a superfície metálica.

O papel do ferro solúvel na corrosão anaeróbica do aço-carbono foi estudado em laboratório com o emprego de diversas condições experimentais por Lee *et al.* (31, 32). Seus resultados mostram baixas velocidades de corrosão na presença de filmes protetores, finos e aderentes, de sulfeto ferroso. Por outro lado, a ruptura desses filmes, após experimentos mais prolongados, se correlacionava com aumentos marcantes da corrente de corrosão. O mesmo efeito seria obtido na presença de altas concentrações de ferro dissolvido no meio, quando se produzem precipitados pouco aderentes de sulfeto sobre o aço. Essas velocidades de corrosão se correlacionam, razoavelmente, com as relatadas para ambientes naturais, como tubulações enterradas no solo.

Como resumo desses resultados sobre o papel do ferro dissolvido no processo de corrosão anaeróbica do aço carbono se pode dizer que:

a) as altas velocidades de corrosão independem da atividade metabólica das BRS, mas dependem da concentração de íons ferrosos dissolvidos no meio (com um valor-limite de 60 ppm);

b) o tipo de depósito de sulfeto ferroso tem papel fundamental no processo, podendo atuar como apassivante ou protetor da superfície metálica.

Um aspecto surpreendente da corrosão do aço por BRS são as diferenças nas velocidades de corrosão localizada encontradas em ensaios de laboratório e nas medidas de campo. Em campo, os casos mais graves relatados foram relacionados ao oxigênio presente no meio (33). Hardy e Bown mediram velocidades de corrosão muito baixas em meios anaeróbicos, encontrando aumento significativo da velocidade de corrosão cada vez que o oxigênio era introduzido no meio (Fig. 6-6). Sucessivos ciclos de aeração e desaeração resultavam em mudanças na velocidade de corrosão. As altas velocidades correspondiam à presença de oxigênio e as baixas, ao meio anaeróbico. Utilizando biofilmes mistos em reatores de fluxo contínuo de laboratório equipados com microeletrodos, técnicas analíticas, eletroquímicas e observações de microscopia eletrônica de varredura (MEV), Lee *et al.* (34-37) concluíram que:

a) baixas concentrações de oxigênio dissolvido, devidas ao consumo respiratório no biofilme, corresponderiam a baixas correntes catódicas;

b) após várias semanas, baixas concentrações de oxigênio no meio líquido corresponderiam à ausência de oxigênio na base do biofilme, ocorrendo também um aumento do ataque por pites;

c) uma estreita relação entre o oxigênio e o enxofre foi detectada por espectroscopia Auger, mostrando que, enquanto o enxofre estava associado à zona de ataque (pites), o oxigênio se encontrava nas zonas vizinhas a essa área.

Em vários trabalhos que publicamos, mostramos evidências experimentais sobre vários aspectos da biocorrosão anaeróbica do aço-carbono por BRS com o emprego de técnicas inovadoras de análise de superfície e observações de microscopia de força atômica complementadas por MEV (38,39). Uma descrição mais atualizada do conhecimento sobre os mecanismos desse importante caso de biocorrosão pode ser encontrada nas referências 40 e 41.

Biocorrosão por Bactérias Oxidantes do Ferro

Esse tipo de biocorrosão se deve a um grupo heterogêneo de microrganismos (bactérias do gênero *Gallionella, Sphaerotillus, Crenothrix* e *Leptothrix* entre as mais freqüentes) que têm em comum a capacidade de oxidar o íon ferroso (Fe^{++}) a férrico (Fe^{+++}) como forma de obter energia. O produto dessa oxidação é geralmente hidróxido férrico precipitado. Uma breve descrição dos aspectos microbiológicos das diferentes famílias e gêneros de bactérias oxidantes do ferro pode ser encontrada no Cap. 4 do livro.

Em geral, os microrganismos oxidantes de íons metálicos (ferro, manganês) criam ambientes fortemente corrosivos para o ferro e suas ligas, pelo aumento da concentração de íons cloreto, da formação de cloreto de ferro ácido e da produção de cloreto de manganês (42). O ataque causado por esse tipo de corrosão é grave, já que ocorre predominantemente por pites. A parede da tubulação é perfurada por baixo da massa tubercular, devido à alta corrosividade do meio criado pelas bactérias do ferro e associadas (oxidantes do manganês e BRS) e ao efeito da aeração diferencial. Por baixo dos tubérculos se encontram: o ataque por pites, depósitos negros com forte odor de hidrogênio sulfetado, sulfetos em concentrações da ordem de 1,5 a 2,5% e BRS, freqüentemente, na quantidade de 1.000 células por grama.

Um dos exemplos mais freqüentes desse caso de biocorrosão encontramos nas tubulações de ferro fundido para distribuição de água potável, em que excrescências tuberculares, formadas na parede interna das tubulações, são constituídas principalmente por hidróxido férrico associado a outros compostos de ferro, cálcio e manganês. Quando nas zonas internas e menos oxigenadas do tubérculo crescem BRS, a corrosão é ainda maior devido à ação dos sulfetos e outros derivados do metabolismo dessas bactérias (Fig. 6-7).

Do ponto de vista eletroquímico, o mecanismo de corrosão é causado pelo estabelecimento de uma célula de aeração diferencial formada entre a parte externa (aeróbica) do tubérculo, em contato com o oxigênio dissolvido na água e que atua como cátodo, e a parte interna (anaeróbica), onde ocorre o processo anódico de corrosão por pites. Uma característica única desse tipo de biocorrosão é que, uma vez formada a estrutura tubercular pela ação metabólica dos microrganismos, a aceleração da corrosão por aeração diferencial pode continuar ativa depois da morte da população microbiana, desde que se mantenha a barreira à difusão do oxigênio constituída pela massa tubercular.

Uma excelente descrição esquemática dos processos químicos e microbiológicos de formação e crescimento de tubérculos foi publicada por Perramon Torrabadela e Pou Serra (43) (Figs. 6-7 e 6-8). O início e o desenvolvimento do ataque corrosivo por aeração diferencial, que pode chegar a obstruir totalmente a tubulação ou a perfurar a parede, foi descrito graficamente por Chantereau (44) (Fig. 6-9).

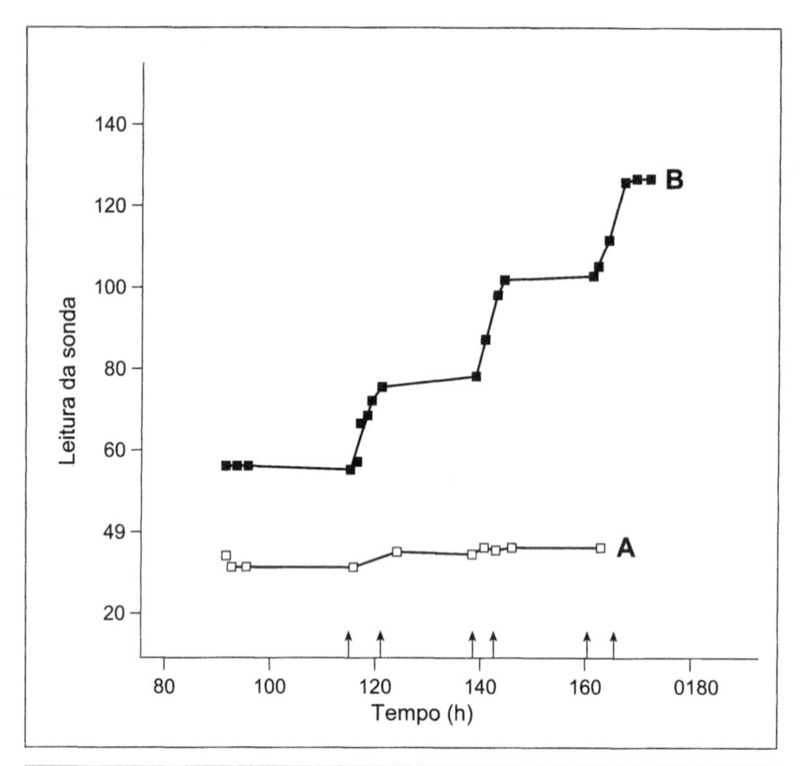

Figura 6-6
Leituras de sonda de resistência elétrica na corrosão do aço-carbono em um cultivo de BRS, para análise do efeito do oxigênio sobre a velocidade de corrosão do aço-carbono: (A) com borbulhamento de nitrogênio; (B) com ar. As flechas no eixo das abscissas indicam o início e a interrupção do borbulhamento, e o coeficiente angular da curva indica a velocidade de corrosão. [Com permissão da NACE International, ref. (33).]

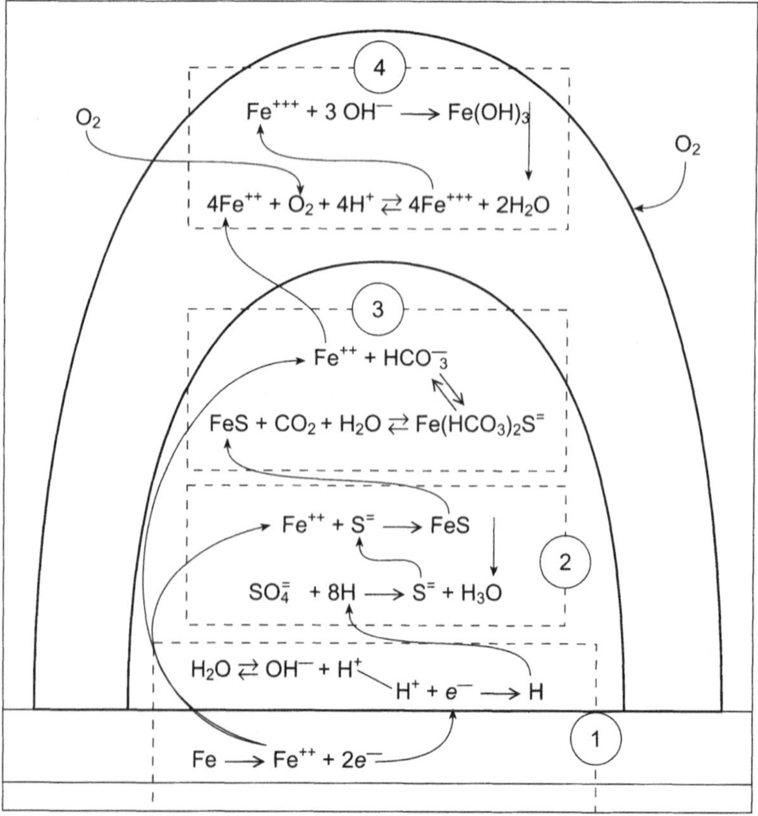

Figura 6-7
Processos químicos de formação de tubérculos. [Ref. (43).]

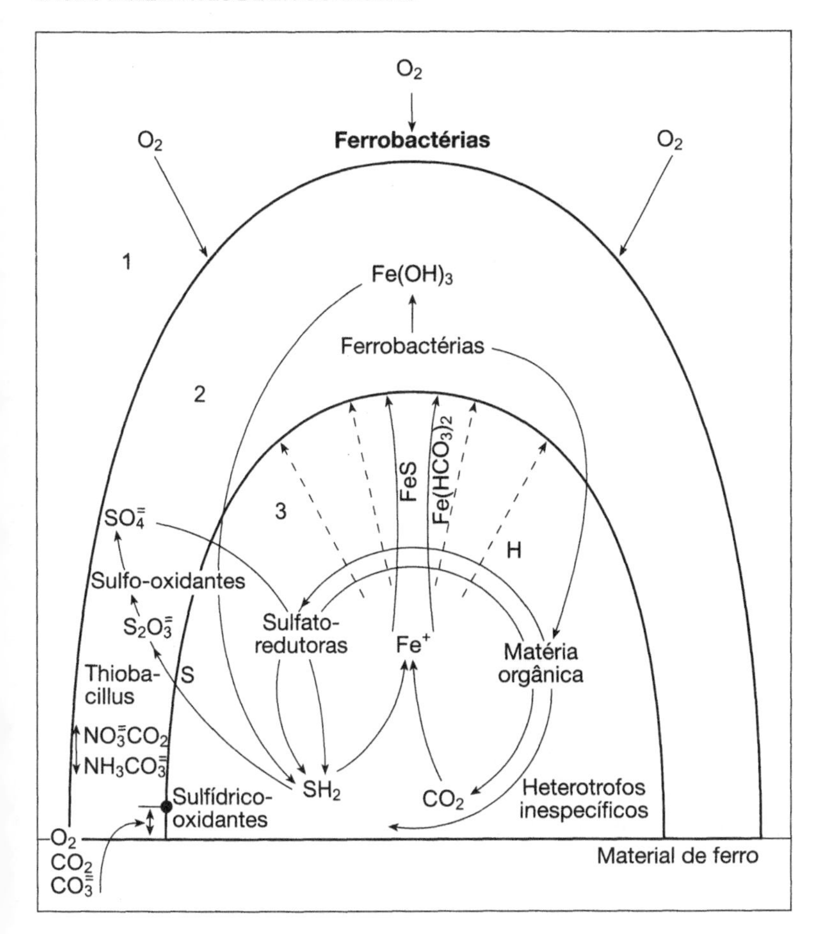

Figura 6-8
Processos biológicos de formação de tubérculos. [Ref. (43).]

Vários casos práticos desse tipo de biocorrosão estão relatados na literatura, desde o trabalho pioneiro de Olsen e Szybalski (45), na década de 1940, até os mais recentes, da última década do século passado (46, 47). Merece especial atenção um artigo prático de Lutey (48) sobre os aspectos, de campo e de laboratório, de casos de biocorrosão causados pela bactéria *Galionella*.

Biocorrosão do alumínio e suas ligas de uso aeronáutico por contaminantes microbianos de combustíveis

Microrganismos em sistemas água/combustível

Diversos microrganismos, comumente presentes em solos e águas naturais, são capazes de metabolizar hidrocarbonetos parafínicos com cadeias lineares de átomos de carbono entre C10 e C18 (fração querosene). Entre eles podem-se encontrar principalmente bactérias e fungos que crescem dentro das gotículas de água em

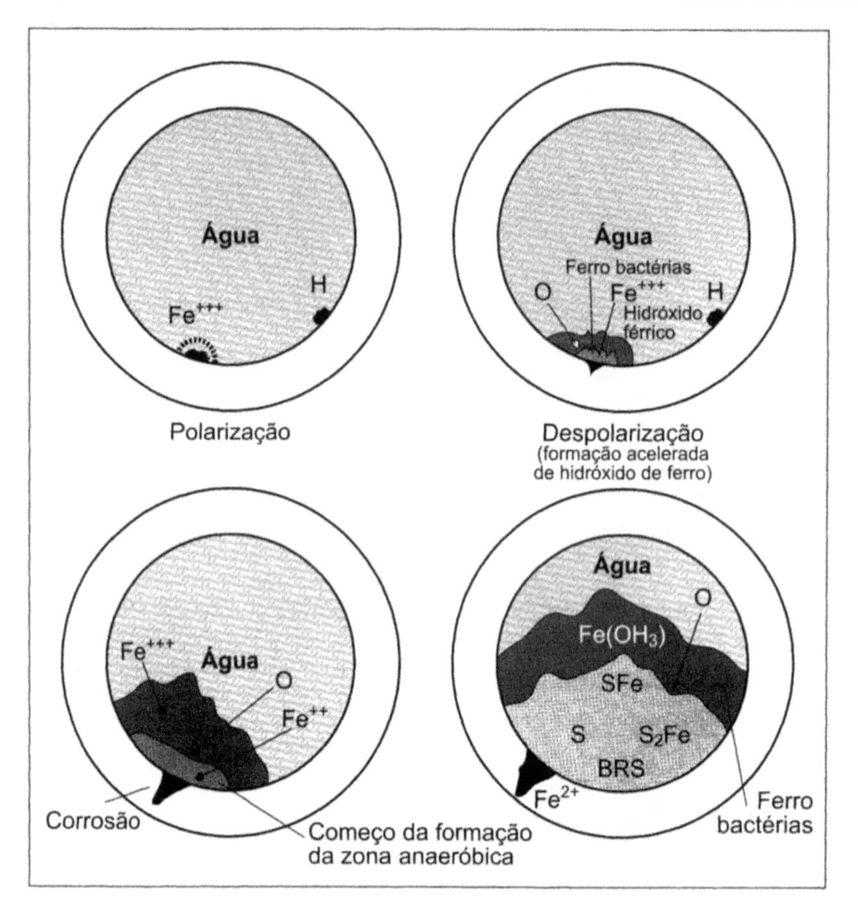

Figura 6-9 Seqüência da corrosão por pites e obstrução de uma tubulação de ferro por efeito de bactérias ferro-oxidantes e BRS. [Ref. (44).]

suspensão no combustível, na interfase água/combustível ou nos biofilmes aderidos aos tanques de armazenamento e sistemas de distribuição.

A partir dos anos sessenta, com o uso massivo de turbocombustíveis contendo a fração querosene (aerocombustíveis do tipo JP e combustíveis navais do tipo diesonaval), aumentaram os problemas de biocorrosão e biofouling (biodepósito), que começaram a receber atenção destacada na literatura. A partir daquela década, podem ser encontradas, em diversas publicações, várias listas de contaminantes microbianos de turbocombustíveis (49-58). Atualmente, há evidência experimental suficiente para considerarmos o fungo *Hormoconis resinae* (anteriormente classificado como *Cladosporium resinae*) e a bactéria *Pseudomonas aeruginosa* como os contaminantes microbianos mais freqüentemente associados a problemas de biofouling e biocorrosão em sistemas água/combustível (59).

O fator fundamental que torna possível o crescimento microbiano é a presença de pequenas quantidades de água. Apesar de o combustível deixar a destilaria praticamente anidro, há três formas pelas quais pode ser contaminado por umidade durante seu armazenamento nos tanques dos aviões:

- pequenas quantidades de água dissolvidas no combustível;

- água em suspensão, na forma de gotículas microscópicas, quase coloidais;
- água de condensação, proveniente da umidade do ar, presente no tanque, que condensa por gradientes térmicos e se acumula por gravidade no fundo dos sistemas de armazenagem.

Parte dessa água é purgada periodicamente durante as operações de manutenção, mas parte fica aderida, na forma de gotículas ou microdepósitos de umidade, nos sulcos e irregularidades das paredes metálicas (ver Cap. 8).

Assim como no combustível totalmente anidro é impossível o crescimento microbiano, quando há presença de quantidades microscópicas de água, os microrganismos começam crescer às expensas do carbono das cadeias de hidrocarbonetos e do nitrogênio, fósforo e outros micronutrientes essenciais fornecidos pela água de contaminação e pelos aditivos do combustível.

Mesmo que as operações de manutenção fossem altamente eficientes — é importante lembrar (60) —, os microrganismos seriam capazes de gerar metabolicamente a umidade necessária para sua posterior proliferação. Os ecossistemas microscópicos gerados pelo crescimento microbiano retêm água na forma de tubérculos, depósitos de lodo (*slime*) e de biofilmes aderidos às paredes do tanque.

No ecossistema microbiano dos tanques de combustível, os sedimentos formados, na interfase água/combustível ou no fundo e paredes dos tanques, podem ser considerados como uma fase separada cujas características podem ser bem diferentes das que prevalecem no seio do combustível ou na fase aquosa (61).

Devido à elevada taxa de consumo de combustível pelas turbinas dos aviões, mesmo pequeníssimas quantidades de sedimentos microbianos são perigosas. A associação microrganismos e água causa problemas não apenas de contaminação do combustível, mas também de entupimento de filtros e injetores, mal funcionamento de manômetros e corrosão do material estrutural dos tanques.

A corrosão das paredes dos tanques de armazenagem de turbocombustíveis em terra e a conseqüente perda de líquido podem causar prejuízos importantes, além da contaminação do solo e de águas subterrâneas. O ataque tem lugar geralmente no fundo dos tanques, onde se encontra uma ativa população microbiana associada à água de sedimentação. Apesar de o carbono e o hidrogênio, necessários para o crescimento microbiano, serem fornecidos em abundância pelo combustível, um elemento essencial para sua biodegradação é o oxigênio. A baixas concentrações de oxigênio, a velocidade de oxidação dos hidrocarbonetos é pequena. Porém, não se deve esquecer que, nas operações de reabastecimento, grandes quantidades de oxigênio são transferidas ao meio.

Pode-se afirmar que o nitrogênio e o fósforo são os elementos limitantes do crescimento microbiano e que eles se encontram, em geral, na água de contaminação e nos aditivos do combustível, na forma de nitratos e fosfatos (59). A restrição de nitrogênio, apesar de dificultar o crescimento fúngico, acelera a produção de ácidos orgânicos extracelulares e, conseqüentemente, o risco de corrosão localizada (62).

Mecanismos de biocorrosão em sistemas água/combustível

Em várias de nossas publicações salientamos que a corrosão do alumínio e suas ligas, em sistemas água/combustível, não se deve a um único mecanismo, mas sim a diversos, simultâneos, que "sinergizam" seus efeitos. Em síntese, os mecanismos de biocorrosão nesses sistemas são:

a) produção metabólica de ácidos graxos com conseqüente aumento da acidez e da corrosão localizada (59, 63-67);

b) aumento das características oxidantes do meio, facilitando a corrosão por pites no metal (68, 69);

c) produção de metabólitos tensoativos, que diminuem a estabilidade dos filmes protetores sobre a superfície metálica (59, 68, 70);

d) processos de aderência microbiana, que aumentam o ataque localizado ao metal-base (71-75);

e) consumo microbiano de inibidores de corrosão (principalmente nitratos e fosfatos) (59, 71, 76, 77), que, além de diminuir o nível de proteção desses compostos, favorece o crescimento da massa microbiana pelo fornecimento de nutrientes.

Os diferentes efeitos microbianos na biocorrosão do alumínio e suas ligas em sistemas água/combustível encontram-se representados esquematicamente nas Figs. 6-10 a 6-13. Na Fig. 6-10, mostra-se como os contaminantes microbianos encontram, no sistema água/combustível, os nutrientes necessários para seu crescimento nas cadeias de hidrocarbonetos, na água de contaminação e nos aditivos do combustível. Como resultado da degradação das cadeias de hidrocarbonetos, ácidos graxos corrosivos [mecanismo (a)] e ésteres de ação tensoativa [mecanismo (c)] são produzidos.

O crescimento fúngico modifica o potencial redox do meio, aumentando suas caraterísticas oxidantes e favorecendo o processo de corrosão [mecanismo (b)]. Os ânions passivantes (nitratos) presentes na fase aquosa são consumidos pelo mecanismo microbiano, desprotegendo dessa forma o metal contra o ataque dos íons agressivos, como os cloretos. A razão íons passivantes (nitratos)/íons corrosivos (cloretos) diminui, favorecendo a corrosão localizada no metal-base [mecanismo (e)].

Como resultado dos processos de aderência microbiana (Fig. 6-11) desenvolvidos na interfase metal/solução, formam-se biofilmes e depósitos de limo biológico, que criam condições de aeração diferencial e de acidificação localizada por baixo do micélio fúngico [mecanismo (d)]. A ruptura da passividade do alumínio se produz em zonas localizadas da superfície (Fig. 6-12), pela sinergia dos mecanismos (a), (b), (c), (d), e (e). Em alguns pontos da superfície, o balanço favorável à concentração de cloretos em relação à de nitratos, os baixos valores de pH e o alto potencial redox criam condições propícias para a progressão do ataque por pites (Fig. 6-13).

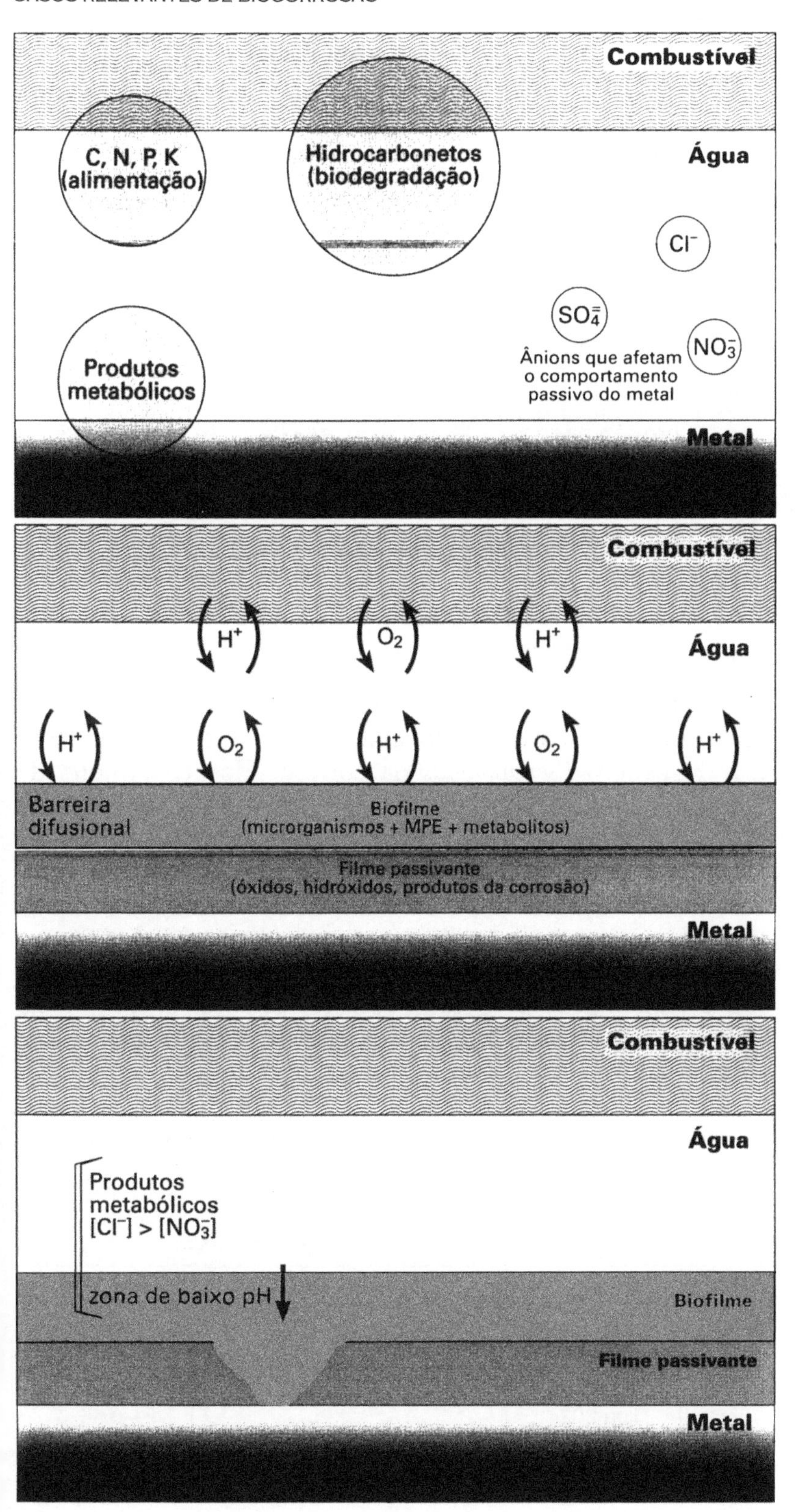

Figura 6-10
Microrganismos em um sistema água/combustível. A etapa inicial indica disponibilidade de nutrientes na fase aquosa e na interfase. [Com permissão da NACE International, ref. (59).]

Figura 6-11
Representação esquemática de biofilmes e produtos de corrosão na interfase metal/solução em sistemas água/combustível. [Com permissão da NACE International, ref. (59).]

Figura 6-12
Início da ruptura da passividade do alumínio em um sistema água/combustível. [Com permissão da NACE International, ref. (59).]

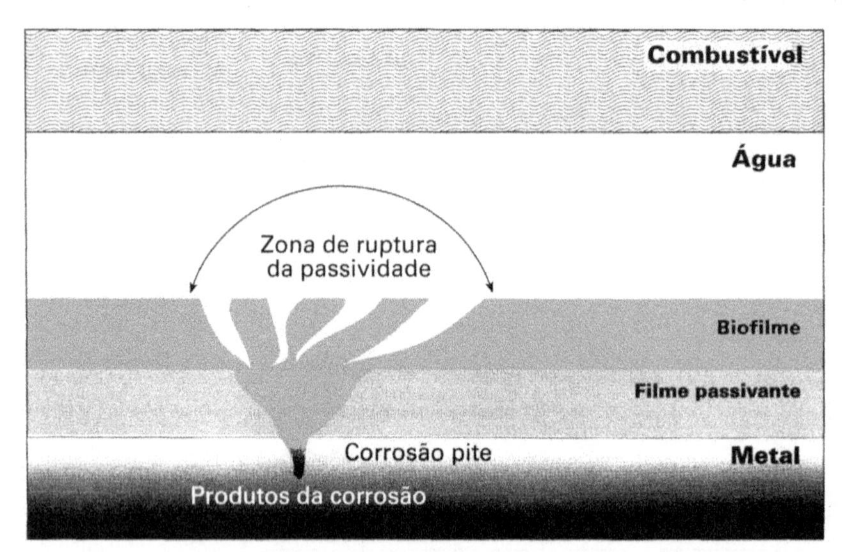

Figura 6-13 Progressão do processo de pites do alumínio em um sistema água/combustível. [Com permissão da NACE International, ref. (59).]

OUTROS MICRORGANISMOS CORROSIVOS DO ALUMÍNIO EM SISTEMAS DE ÁGUA/COMBUSTÍVEL

Apesar de não haver muitas referências a bactérias contaminantes de turbocombustíveis relacionadas à corrosão do alumínio e suas ligas, o efeito corrosivo de bactérias do gênero *Pseudomonas* na corrosão do aço-carbono de tanques de navios contendo combustível diesonaval foi relatado (61, 78-80). Em nossas publicações (59), foram encontrados efeitos opostos sobre a passividade do alumínio e suas ligas por parte de duas bactérias isoladas do sistema água/combustível. Nos ensaios eletroquímicos de laboratório, enquanto uma dessas bactérias (*Pseudomonas* sp.) era capaz de facilitar o ataque do metal pelos pites, a outra (*Serratia marcescens*) mostrava um efeito apassivante no alumínio e em suas ligas. Nas curvas potenciodinâmicas de polarização, foi possível encontrar, na presença dessa bactéria, um aumento do potencial de pites (E_p) tanto do alumínio como da liga 2024 (Tab. 6-1).

TABELA 6-1
VALORES DO POTENCIAL DE PITES (E_P) DO ALUMÍNIO E DA LIGA 2024 NA PRESENÇA DE *Pseudomonas sp.*, *Serratia marcescens* E EM MEIO MINERAL SIMPLIFICADO ESTÉRIL (TEMPO DE INCUBAÇÃO, 15 DIAS)

Microrganismo	Metal	pH (fase aquosa)	E_p (*V*, sce)
Serratia marcescens	Alumínio, liga 2024	6,50	0,42 –0,10
Pseudomonas sp	Alumínio, liga 2024	5,75	–0,29 –0,56
Meio estéril	Alumínio, liga 2024	7,00	0,01 –0,37

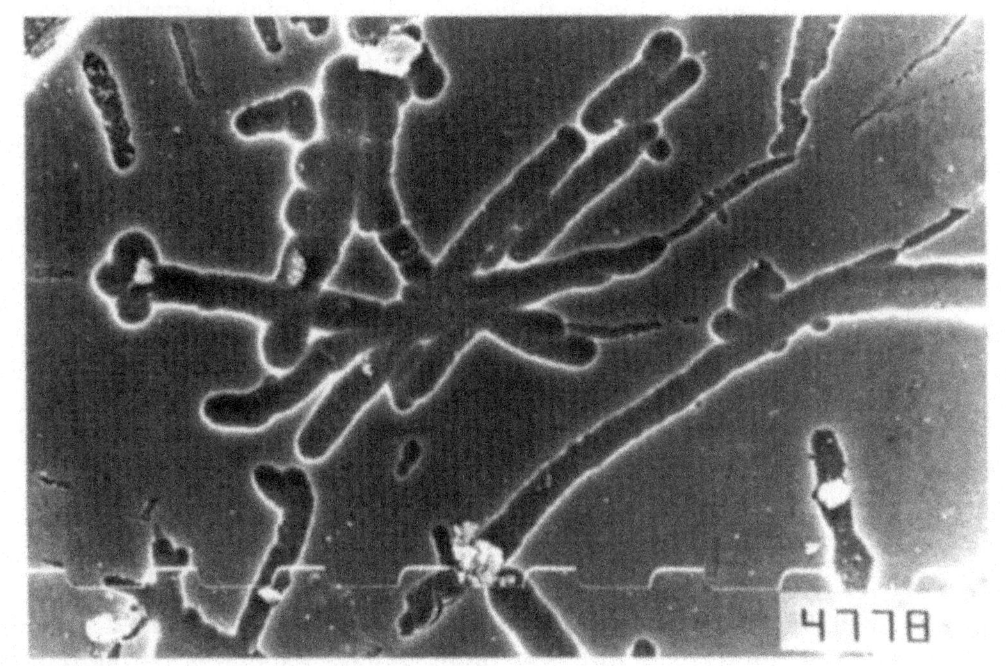

Figura 6-14
Fotomicrografia MEV de ataque causado por biofilmes microbianos (micélio fúngico) contra uma liga de alumínio 2024, em um sistema água/combustível. O micélio fúngico foi retirado da superfície por limpeza mecânica. Escala: 10 μm.

O efeito inibidor de pites (ver Cap. 8) poderia ser atribuído à baixa acidificação produzida pela *Serratia* durante a degradação das cadeias hidrocarbônicas. Essa hipótese foi corroborada com o emprego de cromatografia gasosa. A acidificação localizada, assistida por processos de aderência fúngica ou bacteriana, pode ser determinante na intensidade do ataque microbiano às ligas de alumínio em sistemas água/combustível (Fig. 6-14). A acidez previne a repassivação da superfície metálica impedindo a reformação do filme de óxido protetor. Nessas condições, a corrosão por pites do metal, causada pelos cloretos, tem início em potenciais mais negativos que em meios com pH de valor próximo à neutralidade. Entretanto não se pode explicar o aumento da corrosão observado na presença de contaminantes microbianos somente pelo aumento da acidez (67, 76, 81, 82). Para valores baixos de pH, o efeito dos íons cloreto é potencializado pelos produtos metabólicos da degradação dos hidrocarnonetos, sobretudo pelos ácidos mono-, di- e tricarboxílicos.

Em pH neutro, a ação corrosiva dos ácidos graxos se reverte a passivante (59). O mesmo ocorre na presença de contaminantes bacterianos em cujos meios não se alcança a mesma acidez observada em meios contaminados por fungos. Em geral, o crescimento microbiano induz modificações complexas no ambiente, por meio do consumo de oxigênio, da produção de produtos de lise celular e da produção de metabólitos corrosivos.

Não se pode dizer que o problema da biocorrosão do alumínio e suas ligas de uso aeronáutico esteja resolvido para a aviação militar ou para a utilização, em navios, de combustível diesonaval. Ainda assim, na aviação comercial, as medidas preventivas (uso de biocidas como o Biobor e o etilenoglicolmonometil-éter, EGME) permitem amortecer consideravelmente os efeitos prejudiciais dos contaminantes microbianos de turbocombustíveis. Algumas das publicações sobre metodologias para controle ou eliminação da contaminação microbiana de turbocombustíveis podem ser encontradas na Bibliografia (83-89), no final deste capítulo.

Biocorrosão em meio marinho

Como foi definido por Brisou em seu livro sobre microbiologia marinha (90), o mar é um meio vivente, cenário de vida animal, vegetal e microbiana mais intensa e variada que a vida em terra. As características físico-químicas e microbiológicas da água do mar permitem encontrar nesse meio todos os tipos de biocorrosão descritos até agora em outros meios no que se refere à salinidade, temperatura, concentrações de oxigênio e diversidade de espécies.

Em um meio de alta corrosividade como a água do mar, a dissolução metálica ocorre simultaneamente com a formação do biofouling. Espera-se, portanto, uma ativa interação entre o processo de corrosão e o estabelecimento de biofilmes na interfase metal/solução (91). O comportamento de um metal em meio marinho depende, em grande parte, da natureza e da intensidade dessa interação. A formação de biofouling, por sua vez, está condicionada pelo substrato metálico e pelas características da fase aquosa. Dessa forma, em um metal ativo como o aço-carbono, a estrutura gelatinosa do biofilme, constituído principalmente por uma matriz de material polimérico extracelular (MPE), microrganismos e água, aparece misturada com os produtos de corrosão que se formam simultaneamente com depósitos biológicos.

Nesses casos, a observação dos microrganismos por microscopia eletrônica é difícil e se prevê uma complexa interação entre os produtos de corrosão e o biofouling. Por outro lado, em metais passivos, como os aços inoxidáveis e o titânio, a ausência de produtos de corrosão permite a formação do biofouling sobre uma superfície limpa e uniforme (o filme passivante de óxido). A variedade de componentes biológicos do depósito, sua morfologia e distribuição podem, nesse caso, ser estudadas sem dificuldade com o emprego da microscopia eletrônica de varredura (MEV).

Os efeitos do biofouling na corrosão marinha de um metal podem ser opostos, conduzindo à aceleração ou à inibição do processo de corrosão (92, 93). Nesse último caso, a diminuição da velocidade de corrosão geralmente se deve ao efeito "barreira" dos depósitos de biofouling que cobrem uniformemente a superfície metálica. Entretanto, como o biofouling cobre, poucas vezes, uma superfície metálica de maneira uniforme, a aceleração da corrosão é mais freqüente. Essa aceleração é conseqüência da separação permanente de áreas anódicas e catódicas da ruptura dos filmes protetores de produtos de corrosão e do estímulo da reação anódica, catódica ou de ambas.

É importante enfatizar que a interação entre biofilmes e filmes de produtos de corrosão na interfase pode determinar o comportamento final de um metal ou sua liga, face à corrosão em meio marinho (94). Esse conceito será ilustrado a seguir para diversas superfícies metálicas com diferentes comportamentos eletroquímicos em água do mar:

- ligas resistentes à corrosão, como aços inoxidáveis e titânio;
- superfícies metálicas pouco resistentes à corrosão, como o aço-carbono; e
- ligas de comportamento intermediário, como as cupro-níqueis.

Interações entre a biocorrosão e o biofouling em metais resistentes à corrosão

O titânio oferece uma notável resistência à corrosão e é, até o momento, o único metal para o qual não foram relatados casos de biocorrosão (75). Esse comportamento passivo se deve à presença de um filme protetor de óxido sobre a superfície, altamente aderente e estável, que se forma espontaneamente quando o titânio é exposto ao ar e à umidade. A presença de sulfetos na água do mar não afeta o estado passivo do titânio, não se detectando corrosão em amostras expostas ao ambiente marinho durante vários anos, em profundidades da ordem de 1.600 m (95).

O titânio não tem efeitos tóxicos sobre os organismos marinhos, o que faz dele um dos metais que mais rapidamente acaba recoberto por depósitos de biofouling (96). Após 800 horas de exposição à água do mar natural, observou-se uma cobertura total da superfície de titânio por biofouling marinho (97), sem que esta afetasse o filme protetor de óxido e sem que fosse detectada corrosão por frestas (*crevice*) ou por pites. Por esses motivos, o titânio é um dos metais utilizados em trocadores de calor alimentados com água do mar. E os depósitos de biofouling podem ser minimizados adotando-se velocidades de fluxo da água superiores a 2 m/s (98); com velocidades de fluxo menores, convém utilizar cloro para prevenir a formação de depósitos de biofouling.

Um estudo realizado no Oceano Pacífico (99), com amostras de titânio grau 2 expostas durante um ano, mostrou que a superfície metálica se conservava macroscopicamente limpa e, ao microscópio, detectou-se somente um filme fino, constituído principalmente por diatomáceas e microalgas.

Simulando as condições de operação de um trocador de calor de uma central de energia costeira (100), observou-se que a suscetibilidade do titânio ao biofouling depende da temperatura da água, do estado da superfície metálica, da velocidade do fluxo de água, da estação do ano e da localização geográfica. O titânio permanece passivo mesmo quando são utilizados biocidas fortemente oxidantes, como o ozônio (101), já que este atua estabilizando os filmes protetores de óxido sobre o metal.

Em resumo, apesar das várias provas da imunidade do titânio à biocorrosão, sua marcante suscetibilidade ao biofouling exige adequado controle do sistema, por meio do uso de biocidas apropriados, sobretudo quando a "carga biológica" da água de entrada do trocador for elevada.

Durante as primeiras etapas de formação do biofouling, isto é, nas horas que se seguem ao primeiro contato do metal limpo com a água do mar, a natureza da superfície metálica tem papel importante na formação dos depósitos biológicos, facilitando ou retardando a aderência microbiana. Já mencionamos que os metais resistentes à corrosão, como o titânio, apresentam uma superfície ideal para a sedimentação do biofouling. Em várias amostras metálicas, expostas à água do mar poluída na entrada de alimentação de um trocador de calor (102), pode-se estabelecer a seguinte ordem para a deposição do biofouling:

titânio > aço inoxidável > alumínio > latão > cupro-níquel > cobre.

O aço inoxidável, tal como o titânio, por apresentar uma superfície homogênea coberta de óxido e livre de produtos de corrosão, permite mais facilmente a aderência microbiana. A evolução do biofouling pode ser acompanhada, desde seu início e sem dificuldade, com o emprego de microscopia eletrônica de varredura (Fig. 6-15). Após várias semanas de exposição à água do mar, a superfície do aço inoxidável se encontra recoberta por abundantes depósitos de um biofouling complexo, constituído por MPE, microrganismos (principalmente bactérias), material particulado e microrganismos de dimensões maiores como algas, diatomáceas e protozoários (Fig. 6-16).

A atividade metabólica dos microrganismos no interior dos depósitos de biofouling pode influenciar as reações eletroquímicas do processo de corrosão. O biofouling favorece a formação de ânodos e cátodos localizados e, conseqüentemente, a corrosão por meio de aeração diferencial. À medida que o processo avança, os produtos de corrosão se acumulam na interfase e se misturam aos depósitos biológicos. Assim, estabelecem-se barreiras difusionais para certas espécies químicas como, por exemplo, o oxigênio. Medidas efetuadas com microeletrodos demostram que, em somente 180 μm da superfície metálica, o oxigênio dissolvido cai a zero (103).

Os mecanismos de biocorrosão do aço inoxidável em água do mar são:

- formação de células de aeração diferencial, devido à distribuição desuniforme do biofilme (92);
- favorecimento da corrosão por frestas (*crevice*), devido ao consumo de oxigênio em algumas áreas (104);
- enobrecimento do potencial de corrosão com o tempo (105,106).

Os dois últimos mecanismos serão discutidos adiante com maior detalhe.

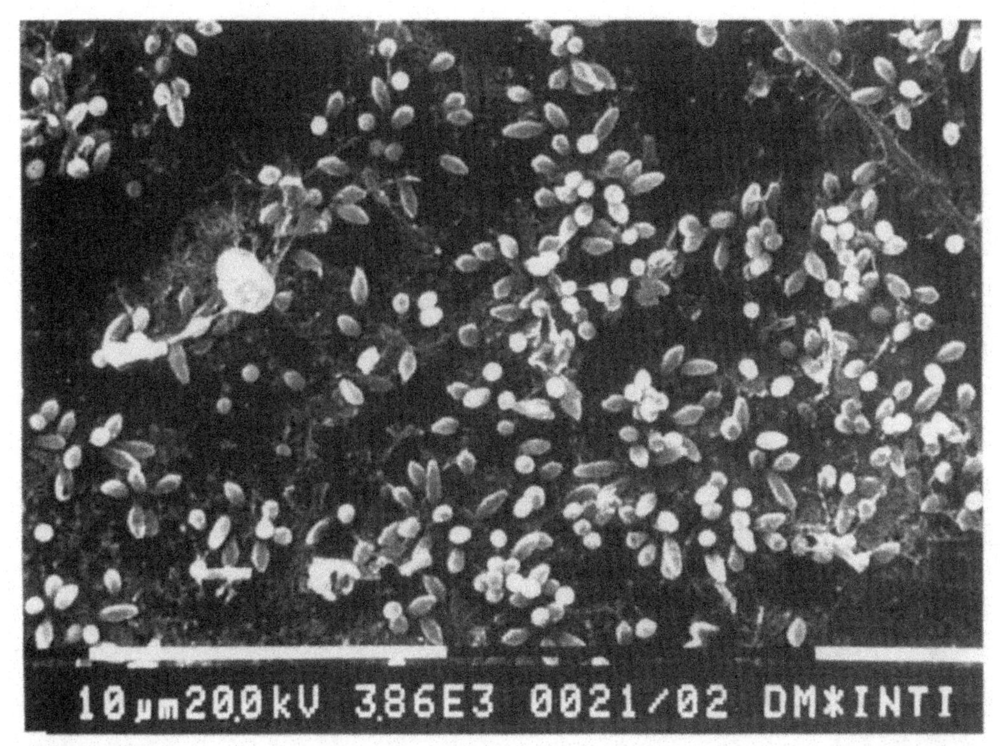

Figura 6-15 Início da formação de microfouling sobre uma superfície de aço inoxidável (tipo AISI 304) exposta à água do mar natural durante 5 dias. Escala: 10 µm.

Figura 6-16 Microfouling sobre uma superfície de aço inoxidável (tipo AISI 304) exposta à água do mar natural durante 15 dias. Escala: 10 µm.

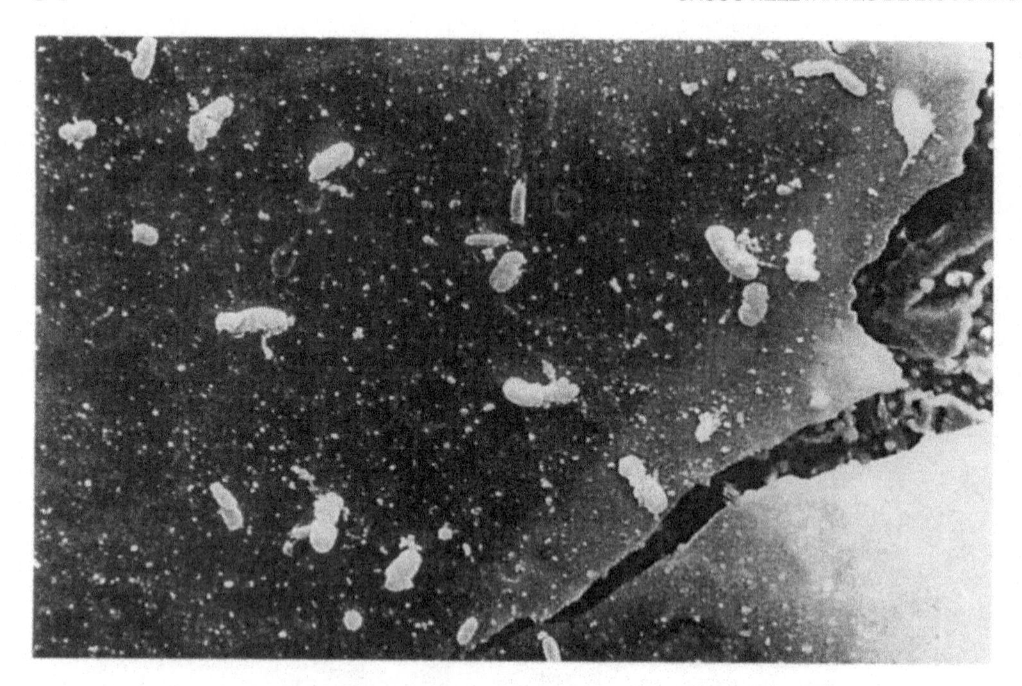

Figura 6-17 Fotomicrografia de microfouling sobre uma superfície de liga cobre-níquel 70: 30 exposta à água do mar natural. Escala: 10 μm.

Interações entre a biocorrosão e o biofouling em metais e ligas de resistência intermediária à corrosão (cobre e suas ligas)

As ligas de cobre do tipo cupro-níquel (90:10 e 70:30), o latão de almirantado e o latão de alumínio são empregados comumente como materiais estruturais de trocadores de calor por suas propriedades antifouling, atribuídas ao efeito tóxico dos íons cúpricos lixiviados da superfície do metal. Apesar dessa propriedade, observou-se que, após vários meses de exposição à água do mar natural (107), forma-se uma estrutura multicamada de microrganismos, produtos de corrosão e MPE. Este último protegeria os microrganismos dos efeitos tóxicos dos íons cúpricos, visto que foi relatada a capacidade quelante do MPE na matriz do biofilme (108). Essa estrutura multicamada é alterada facilmente pelo corte do fluxo de água do mar, que facilita desprendimentos parciais da biomassa e dos produtos de corrosão, favorecendo a distribuição irregular do biofilme e induzindo efeitos de aeração diferencial (109) (Fig. 6-17).

Os íons cloreto da água do mar afetam o comportamento passivo das ligas de cobre, formando produtos de corrosão pouco protetores, como o hidroxicloreto de cobre, que substitui o filme uniforme de óxido cuproso sobre o metal. Quando o nível de poluição da água do mar é significativo (geralmente em áreas portuárias com atividade pesqueira), outros fatores que modificam o comportamento passivo das ligas de cobre são a aderência de microrganismos à superfície e a presença de

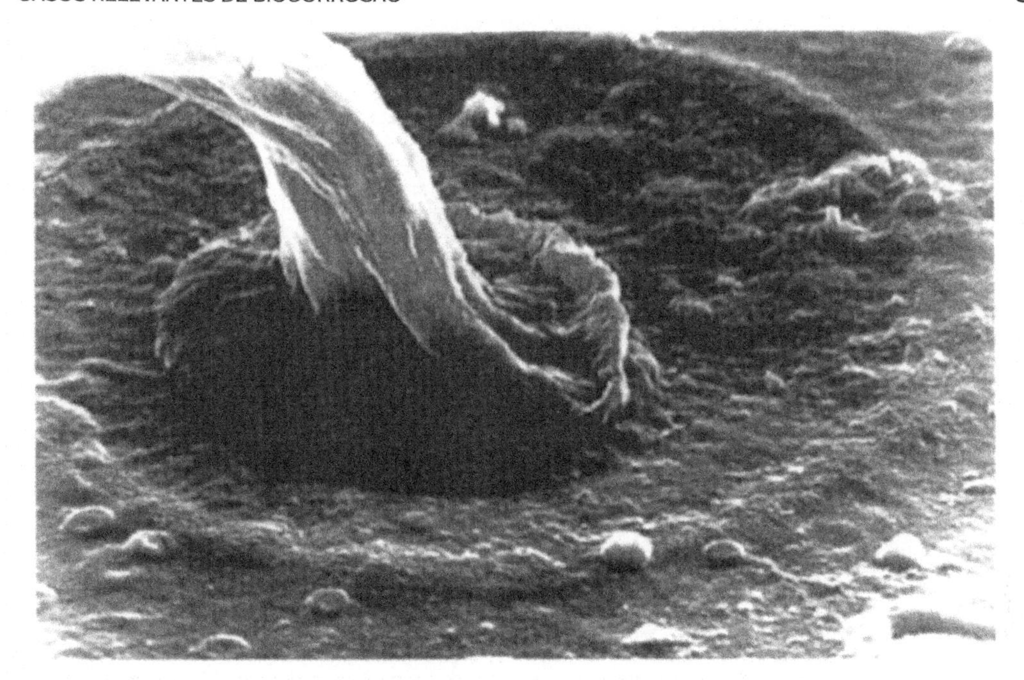

Figura 6-18
Protozoário *Zoothamnium sp.* fixado sobre aço inoxidável (tipo AISI 304) logo após exposição da superfície à água do mar natural. Escala: 10 μm.

concentrações variáveis de sulfetos, bissulfetos e hidrogênio sulfetado, provenientes da matéria orgânica ou da presença de BRS (110).

Os efeitos relacionados à aderência dos microrganismos à superfície se tornam mais importantes para organismos do tipo protozoário (por exemplo, *Zoothamnium* sp.), que se fixam tenazmente ao metal (Fig. 6-18). Quando esses microrganismos se desprendem, pelo efeito do corte do fluxo de água, arrastam as camadas externas do biofilme e os produtos da corrosão, expondo áreas da superfície metálica à água do mar.

Os sulfetos, por sua vez, alteram a estrutura do óxido cuproso passivante substituindo-a, parcial ou totalmente, por filmes pouco protetores (111). Esses efeitos do biofouling em água do mar poluída foram verificados em diversas ligas de cobre, cupro-níqueis, latão de almirantado e em bronze de alumínio (96). Diferentes composições do substrato metálico também podem influir na facilidade de aderência dos microrganismos, como se observou para diferentes concentrações de ferro na colonização do cupro-níquel 90:10 (112).

INTERAÇÕES ENTRE A BIOCORROSÃO E O BIOFOULING EM METAIS E LIGAS POUCO RESISTENTES À CORROSÃO.

Devido ao seu amplo uso em instalações industriais e portuárias, o aço-carbono é um bom exemplo para ilustrar a interação entre os processos de biocorrosão e

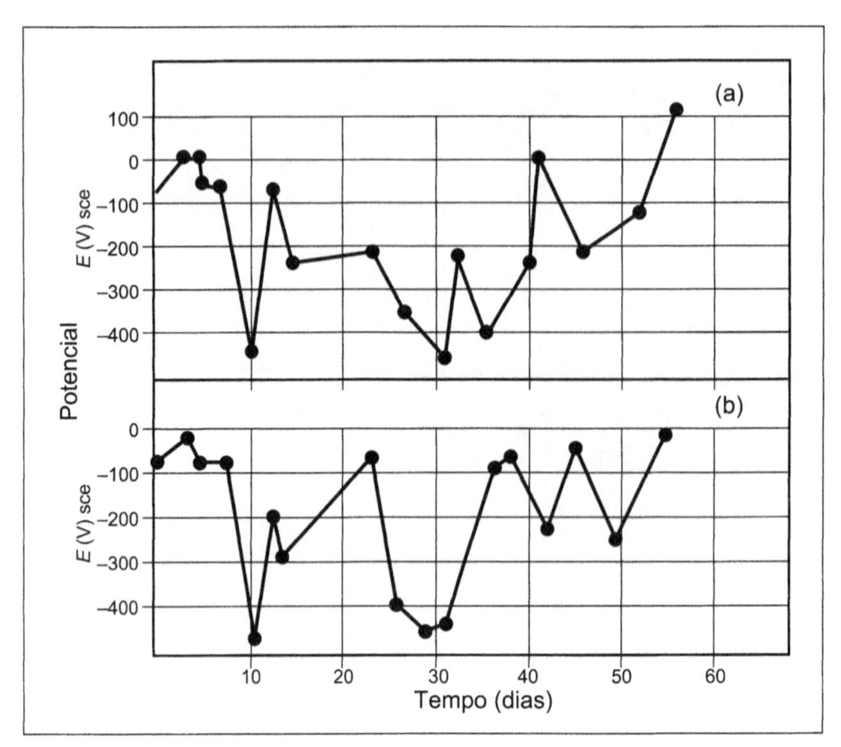

Figura 6-19 Enobrecimento do potencial de corrosão do aço inoxidável (tipo AISI 316) em função do tempo. [Videla, H.A., International Biodeterioration & Biodegradation, 34 (3-4), 245, 1994, com permissão da Elsevier Science.]

biofouling em superfícies pouco resistentes à corrosão em meio marinho. O comportamento ativo ou passivo do aço carbono em água do mar depende fortemente de depósitos de produtos de corrosão de natureza química diversa. Geralmente se observam camadas externas de produtos de corrosão contendo lepidocrocita (α-$Fe_2O_3 \cdot H_2O$) e wurtzita (FeO) (113). Quando o tempo de exposição se prolonga, são encontradas camadas de goetita (β-$Fe_2O_3 \cdot H_2O$) e magnetita (Fe_2O_3). Na água do mar, esses produtos se encontram misturados com depósitos de biofouling formados por bactérias, microalgas e alguns microrganismos de dimensão maior inseridos no MPE. O efeito coesivo do MPE depende de fatores ambientais e biológicos, condicionando a intensidade das interações entre os processos de biocorrosão e biofouling que são mais complexas que aquelas observadas em ligas resistentes à corrosão.

Efeito do enobrecimento do potencial de corrosão em metais e ligas resistentes à corrosão

Quando se mede o potencial de corrosão a circuito aberto (E_c) em função do tempo para ligas resistentes à corrosão, como aços inoxidáveis e titânio em água do mar natural, observa-se o chamado *enobrecimento* do potencial de corrosão (114-116). Esse enobrecimento consiste num deslocamento do potencial para valores mais positivos (nobres) após tempos variáveis de imersão do metal na água do mar (Fig. 6-19).

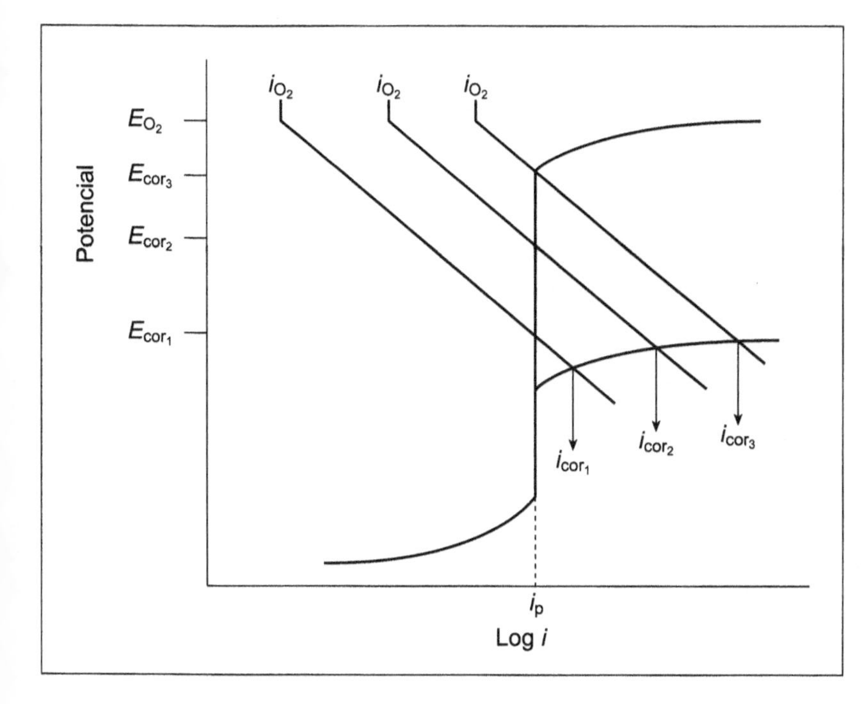

Figura 6-20 Efeito do enobrecimento sobre o comportamento eletroquímico do aço inoxidável em água do mar. [Dexter, S. C., Duquette, D. J., Siebert, O. W., Videla H. A., Corrosion 47, 308, 1991, com permissão da NACE International.]

O aumento do potencial pode alcançar centenas de milivolts para tempos de imersão em água do mar de várias semanas. A conseqüência desse enobrecimento sobre a corrosão localizada pode ser compreendida pela observação da curva anódica do metal (Fig. 6-20). Em síntese, podem-se relacionar duas conseqüências diretas do enobrecimento do potencial:

- uma redução no tempo de indução da corrosão por pites; e
- um aumento da velocidade de propagação da corrosão por frestas (*crevice corrosion*).

A influência do biofouling no fenômeno foi comprovada por Scotto *et al.* (117) por meio da adição de azida de sódio (inibidor da respiração microbiana) à água do mar em que se media um aumento de potencial de mais de 200 mV do aço. O valor do potencial, após a adição da azida, atingiu rapidamente o valor registrado em água do mar estéril.

Nos últimos anos foram publicados diversos trabalhos para interpretar o fenômeno do aumento do potencial de corrosão (105, 106, 118-121) que foi observado, também, em água doce e salobra (*brackish water*) (122). Para a água doce, a explicação do fenômeno de enobrecimento parece estar relacionada com a ação metabólica de microrganismos oxidantes do manganês (Fig. 6-21). Os óxidos de manganês biomineralizados depositam-se na superfície do aço inoxidável, aumentando seu potencial até um valor correspondente ao potencial de equilíbrio dos óxidos de manganês (123-126). A biomineralização do manganês pode ser realizada por vários microrganismos, como bactérias, leveduras e fungos, apesar de estar

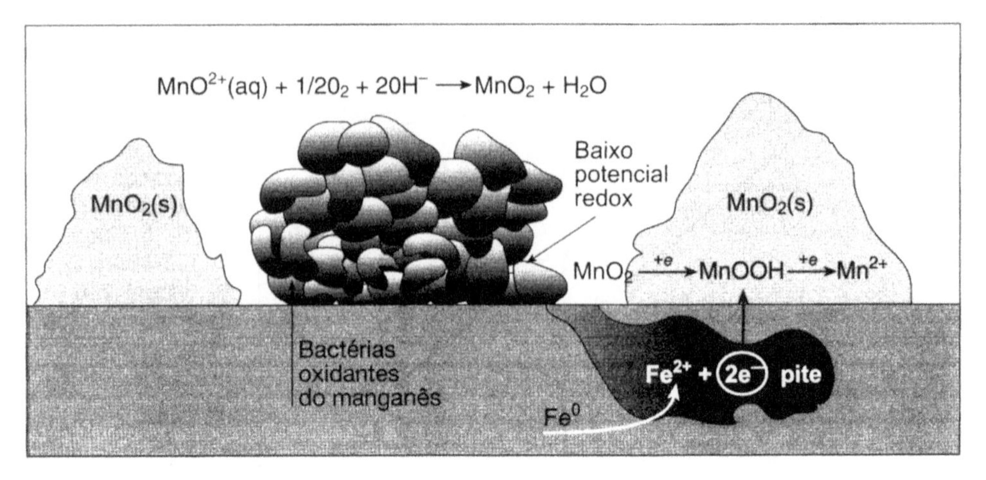

Figura 6-21 Processo de biomineralização do manganês sobre o aço. [Com permissão da NACE International, ref. (123).]

particularmente vinculada às bactérias oxidantes do ferro e do manganês, como *Siderocapsa, Gallionella, Leptothrix, Sphaerotilus, Crenotrix* e *Clonotrix* (ver Cap. 4).

Uma revisão completa sobre a interpretação biológica e eletroquímica do fenômeno de enobrecimento do potencial de corrosão de aços inoxidáveis na água do mar natural foi publicada por Dexter (106). Em geral, a participação dos organismos na biocorrosão do aço inoxidável pode se desenvolver por dois caminhos:

- uma aceleração da reação catódica com conseqüente aumento do potencial de corrosão; e
- uma mais fácil iniciação dos pites por baixo dos depósitos.

Os mecanismos que hoje parecem interpretar mais adequadamente o fenômeno de "enobrecimento" do potencial consistem na combinação de baixos valores de pH, baixos níveis de oxigênio dissolvido e concentrações mínimas (milimolares) de peróxido de hidrogênio na interfase metal/solução. Esse último fator fornece uma reação catódica alternativa à reação de redução de oxigênio sobre o metal, efeito ligado ao efeito catalítico desenvolvido na interfase metal/solução por complexos de porfirina, metais pesados ou enzimas da cadeia respiratória dos microrganismos presentes no biofilme.

Interação entre o Biofouling e a Proteção Catódica em Água do Mar

A proteção catódica transcorre pela aplicação de uma corrente externa à estrutura metálica a proteger, de modo a se opor à corrente espontânea do processo de corrosão. Para isso, polariza-se a estrutura em um potencial pré-selecionado dentro da zona de imunidade do metal, no qual a superfície estará protegida. O custo do sistema de proteção está relacionado à quantidade de corrente aplicada.

A proteção catódica altera o meio que circunda o metal, provocando um aumento do pH pela produção de íons hidroxila. Essa alcalinidade reduz a solubilidade dos sais de cálcio e magnésio no meio, favorecendo a precipitação de sais calcários (*scale*) (127). Na presença desses depósitos calcários, é gerada uma polarização por concentração, e a corrente necessária para manter a estrutura no potencial de proteção diminui, reduzindo, portanto, também o custo de proteção.

A interação entre os depósitos calcários e o biofouling tem recebido atenção da literatura, em especial o efeito da corrente aplicada sobre a aderência bacteriana e a deposição de biofouling (128, 129). A proteção catódica inibe o crescimento dos microrganismos aeróbicos nas superfícies de aço-carbono imersas em água do mar, ao passo que favorece o crescimento das BRS em biofilmes anaeróbios.

O conteúdo de matéria orgânica na água do mar afeta tanto a corrente necessária quanto a natureza dos depósitos calcários formados na interfase metal/água do mar. A combinação dos biofilmes com os depósitos calcários atua como uma barreira difusional benéfica quando a densidade de corrente é alta, mas é prejudicial para baixas densidades de corrente, sendo necessário aumentar a corrente para se conseguir a proteção.

A proteção catódica reduz a aderência bacteriana e a reprodução celular durante os primeiros estágios de formação do biofouling. Por outro lado, quando se alcança um estado estacionário do biofouling, o efeito da proteção catódica sobre os biofilmes bacterianos é pouco relevante (130, 131). Isso é importante a baixas temperaturas, quando o crescimento microbiano na água do mar é menor e o efeito da proteção catódica é mais notável, dado que o biofilme demora mais para alcançar o estado estacionário. O efeito estimulante da proteção catódica sobre as BRS pode ser explicado pelo aumento da disponibilidade de hidrogênio na superfície metálica nessas condições (131).

Estratégias para monitoração da biocorrosão e do biofouling em estruturas off-shore e em instalações costeiras. Casos práticos de biocorrosão em colunas de aço em portos marinhos

Um dos problemas mais graves encontrados na produção de petróleo *off-shore* é a biocorrosão e o biofouling das plataformas expostas ao meio marinho (132). A freqüência e a importância dos efeitos advindos do biofouling no processo de corrosão dependem:

- da velocidade, temperatura, pressão e oxigênio dissolvido na água de injeção;
- das características físico-químicas da água do mar (conteúdo de matéria orgânica, oxigênio, pH e composição química).

Um programa de monitoração deve compreender medidas de laboratório e de campo em paralelo, apoiadas em instrumentos de acompanhamento apropriados.

Esse acompanhamento deve incluir informação sobre a qualidade da água, ataque corrosivo, população bacteriana séssil e planctônica, características dos biofilmes, composição dos depósitos inorgânicos e biológicos (133). Os sistemas de monitoração devem possibilitar a diferenciação entre depósitos inorgânicos e biofilmes, prover informação sobre a natureza e a diversidade dos componentes microbianos do biofouling e, além disso, permitir fácil acesso à amostragem dos depósitos. Os dispositivos para recolhimento de amostras devem:

- estar submetidos a um regime de fluxo similar ao do restante da superfície da tubulação;
- ser de baixo custo e de simples fabricação;
- ser retirados do sistema sem dificuldade;
- conter várias placas metálicas de amostragem para permitir a duplicação das medidas e a diversidade de ensaios por dispositivo;
- ser facilmente inseridos em qualquer acesso convencional da tubulação ou em equipamentos de laboratório; e
- ser adequados à colocação em acessos de alta pressão, sem causar despressurização ou paradas transitórias do sistema, quando seu uso estiver previsto em linhas pressurizadas (134).

Como ilustração prática desses conceitos, citamos o sistema utilizado nas plataformas *off-shore* da Bacia de Campos, no Rio de Janeiro (133), em que a informação de corrosão proveniente da perda de massa e da resistência linear de polarização em campo é complementada com ensaios potenciodinâmicos de polarização e medidas de potencial de corrosão em função do tempo, em laboratório (135, 136). Para o acompanhamento do biofouling, são utilizados dois tipos de dispositivo, um na parte pressurizada da linha de água de injeção e outro em derivação. A observação dos microrganismos é feita com o emprego de MEV, complementada por análise química dos depósitos com o uso de energia de dispersão de raios X (EDXA).

Os resultados desse programa de acompanhamento mostraram:

- pouca resistência à corrosão do material estrutural do sistema;
- interações complexas entre o biofouling e o processo de corrosão, com altas velocidades de corrosão no sistema;
- corrosão por pites e corrosão generalizada nas áreas de maior concentração do biofouling; e
- em todos os casos, os fatores biológicos eram os determinantes do grave ataque observado sobre o material estrutural.

Nas instalações costeiras de geração de energia elétrica, os sistemas de troca térmica são suscetíveis aos efeitos associados da biocorrosão e do biofouling.

Nesses sistemas, detectam-se problemas de biocorrosão associados à formação de depósitos biológicos nas paredes internas dos tubos dos trocadores, nos dutos de condução de água e nos tanques de armazenagem (136, 137). Por baixo do biofouling, é freqüente haver corrosão localizada por pites e por frestas (*crevice*). Os efeitos prejudiciais do biofouling nos sistemas de troca térmica alimentados com água do mar são:

- aumento da resistência friccional ao fluxo de água;
- diminuição da eficiência da transferência de calor;
- corrosão dos tubos do trocador.

Por outro lado, a formação de depósitos de macrofouling (crustáceos, cerripédeos, etc.) na estrutura do pré-condensador produz redução no fluxo, bloqueio de tubos, aumento do macrofouling, dano mecânico e efeitos de corrosão por erosão. Como ilustração desse tipo de acompanhamento, foram publicados resultados de um programa de monitoração efetuado em uma central térmica costeira de Mar del Plata, na Argentina, alimentada com água do mar altamente poluída proveniente de um cais do porto local (137). A pequena renovação natural da água, em função da configuração especial do porto, era agravada pela descarga de resíduos da atividade pesqueira. Foram encontrados baixos níveis de oxigênio dissolvido, altos níveis de sulfetos e uma grande diversidade de componentes microbianos nos depósitos de microfouling, característicos da água com alto grau de poluição (110). A monitoração, efetuada durante várias semanas em amostras de aço inoxidável (AISI 304, 316 e 430) e cupro-níquel 70:30 expostas à água de entrada do trocador, permitiu realizar as observações enumeradas a seguir.

1. O desprendimento de filmes protetores sobre os metais ensaiados, arrastados por protozoos do tipo *Zoothamnium* sp., devido ao efeito do fluxo. Esse fenômeno desapassivava a superfície metálica, expondo-a à alta corrosividade da água poluída do mar.
2. O tipo de corrosão mais freqüente foi por aeração diferencial nas zonas de desprendimento do biofouling sobre a liga cupro-níquel.
3. No aço inoxidável, observou-se uma rápida e extensa colonização microbiana associada a um ataque por micropites debaixo dos depósitos e nas zonas de inclusão.
4. Aumento da velocidade de corrosão do cupro-níquel devido aos sulfetos contidos na água do mar.
5. A intensidade do ataque corrosivo esteve, em todos os casos, relacionada à interação entre os depósitos biológicos e os produtos de corrosão, por meio de algum dos mecanismos mencionados anteriormente.

Um outro caso prático relatado de biocorrosão associado ao biofouling em meio marinho foi o ataque a colunas de aço-carbono em docas portuárias na Inglaterra (138, 139). O ataque se produziu na denominada *zona das marés* (Fig. 6-22).

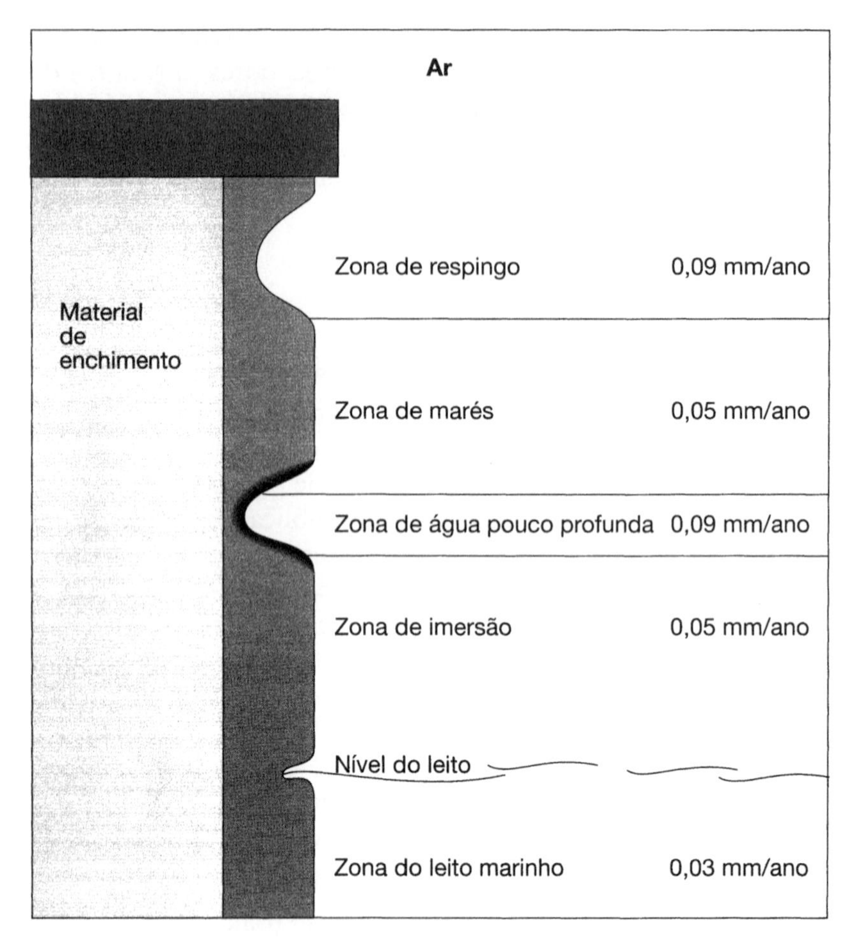

Figura 6-22 Diferentes zonas de corrosão em uma coluna portuária imersa em água do mar. [Com permissão da NACE International, ref. (138).

Um estudo microbiológico, eletroquímico e de análise de materiais indicou que a corrosão localizada estava diretamente relacionada com a atividade microbiana dentro dos depósitos de biofouling presentes nessa parte da estrutura. Como medida de remediação, recomendou-se a implementação de proteção catódica, o uso de coberturas orgânicas, a remoção mecânica do biofouling com água a alta pressão e a substituição do material por aços de baixa liga.

BIBLIOGRAFIA

(1) von Wolzogen Kühr, G. A. H., Van der Vlugt, L.R., *Water (den Haag)* **18**, 147 (1934) (Traducion em *Corrosion* **17**, 293, 1961).

(2) Miller, J. D. A., Tiller, A. K., "Microbial corrosion of buried and immersed metals" em: *Microbial Aspects of Metallurgy*, J. D. A. Miller (ed.), p. 61, Elsevier, New York, (1970).

(3) Miller, J. D. A., "Metals" em: *Microbial Biodeterioration*, A. D. Rose (ed.), p. 149, Academic Press, New York, (1981).

(4) Salvarezza, R. C., Videla, H. A., *Corrosion* **36**(10), 550 (1980).

(5) Gragnolino, G., Tuovinen, O. H., *International Biodeterioration* **20**, 9 (1984).

(6) Tiller, A. K., "A review of European research effort on microbial corrosion", em: *Biologically Induced Corrosion*, S. C. Dexter (ed.), p. 8, NACE-8, Houston, TX, (1985).

(7) Iverson, W. P., Olson, G. J., Heverly, L. F., "The role of phosphorous and hydrogen sulfide in the anaerobic corrosion of iron and the possible detection of this corrosion by an electrochemical noise technique", em: *Biologically Induced Corrosion*, S.C. Dexter (ed.), p. 154, NACE-8, Houston, TX, (1986).

(8) Hamilton, W. A., *Ann. Rev. Microbiol.* **39**, 195, (1985).

(9) Costerton, J. W., Geesey, G. G., "The microbial ecology of surface colonization and of consequent corrosion", em: *Biologically Induced Corrosion*, S. C. Dexter (ed.), p. 223, NACE-8, NACE International, Houston, TX, (1986).

(10) Edyvean, R. G. J., Videla, H.A., *Interdisciplinary Science Reviews* **16**(3), 267 (1991).

(11) Lee, W., Lewandowski, Z., Nielsen, P. H., Hamilton, W.A., *Biofouling* **8**(3), 165 (1995).

(12) Videla, H. A., "Corrosion of mild steel induced by sulphate-reducing bacteria - a study of passivity breakdown by biogenic sulfides", em: *Biologically Induced Corrosion*, S.C. Dexter (ed.), p. 162, NACE-8, Houston, TX, (1986).

(13) Rickard, D. T., *Stockh Contr. Geol.* **20**, 67 (1969).

(14) Duquette, D. J., Ricker, R. E., "Electrochemical aspects of microbiologically induced corrosion", em: *Biologically Induced Corrosion*, S. C. Dexter (ed.), NACE-8, Houston, TX, 121 (1986).

(15) Videla, H. A., "Electrochemical interpretation of the role of microorganisms in corrosion", em: *Biodeterioration* 7, D. R. Houghton, R. N. Smith, H. O. W. Eggins, (eds.), p. 359, Elsevier Applied Science, London, (1988).

(16) Acosta, C. A., Salvarezza, R. C., Videla, H. A., Arvía, A. J., "Electrochemical Behavior of Mild Steel in Sulfide and Chloride Containing Solutions", em: *Passivity of Metals and Semiconductors*, M. Froment (ed.), p.387 (1984).

(17) Booth, G. H., Tiller, A. K., *Trans. Faraday Soc.* **56**, 1689 (1960).

(18) Booth, G. H., Tiller, A. K., *Trans. Faraday Soc.* **58**, 110 (1962).

(19) Booth, G. H., Tiller, A. K., *Trans. Faraday Soc.* **58**, 2510 (1962).

(20) Costello, J. A., *South Af. J. Sci.* **70**, 202 (1974).

(21) King, R. A., Miller, J. D. A., Smith, J.S., *Br. Corros. J.* **8**, 137 (1973).

(22) King, R. A., Miller, J. D. A., *Nature* **233**, 491 (1971).

(23) Salvarezza, R. C., Videla, H. A., Arvía, A. J., *Corros. Sci.* **22**(9), 815 (1982).

(24) Salvarezza, R. C., Videla, H. A., Arvía, A. J., *Corros. Sci.* **23**, 717 (1983).

(25) Crolet, J. L., Daumas, S., Magot, M., "pH regulation by sulphate-reducing bacteria", *Corrosion/93*, paper No. 303, NACE International, Houston, TX (1993).

(26) Campaignolle, X., Luo, J. S., Bullen, J., White, D. C., Guezennec, J., Crolet, J. L., "Stabilization of localized corrosion of carbon steel by sulphate-reducing bacteria", *Corrosion/93*, paper No. 302, NACE International, Houston, TX (1993).

(27) Crolet, J. L., Magot, M., "Observations of non-SRB sulfidogenic bacteria from oilfield production facilities", *Corrosion/95*, paper No. 188, NACE International, Houston, TX (1995).

(28) Newman, R. C., Webster, B. J., Kelly, R. G., *ISIJ International* **31**, 201 (1991).

(29) Schaschl, E., *Materials Performance* **19**, 9 (1980).

(30) Schmitt, G., *Corrosion* **47**, 285 (1991).

(31) Lee, W. C., Characklis, W. G., "Anaerobic corrosion processes of mild steel in the presence and absence of anaerobic biofilms", em: *Biodeterioration and Biodegradation 8*, H. W. Rossmoore (ed.), p. 89, Elsevier Applied Science, London, UK, (1991).

(32) Lee, W., Characklis, W. G., *Corrosion* **49**, 186 (1993).

(33) Hardy, J. A., Bown, J. L., *Corrosion* **40**, 650 (1984).

(34) Lee, W. C., Lewandowski, Z., Okabe, S., Characklis, W. G., Avci, R., "Corrosion of mild steel underneath aerobic biofilms containing sulphate-reducing bacteria", *Corrosion/92*, paper No. 190, NACE International, Houston, TX (1992).

(35) Lee, W. C., Lewandowski, Z., Okabe, S., Characklis, W. G.,Avci, R., *Biofouling* **7**, 197 (1993).

(36) Lee, W. C., Lewandowski, Z., Nielsen, P. H., Morrison, M., Characklis, W. G., Avci, R., *Biofouling* **7**, 217 (1993).

(37) Lee, W. C., Lewandowski, Z., Characklis, W. G., Nielsen, P.H., "Microbial corrosion of mild steel in a biofilm system", em: *Biofouling and Biocorrosion in Industrial Water Systems*, G. G. Geesey, Z. Lewandowski, H. C. Flemming (eds.), p. 205, Lewis Publishers, Boca Raton, FL, (1994).

(38) Videla, H. A., Swords, C. L., Mele, M. F. L., Edyvean, R. G., Watkins P., Beech, I.B., "The role of iron in SRB influenced corrosion of mild steel", *Corrosion/98*, Paper No. 289, NACE International, Houston, Tx (1998).

(39) Videla, H. A., Edyvean, R. G., Swords, C. L., Mele, M. F. L., Beech, I. B., "Comparative study of the corrosion product films formed in biotic and abiotic sulfide media", *Corrosion/99*, Paper No. 163, NACE International, Houston, Tx, (1999).

(40) Videla, H. A., *Biofouling* **15**(1-3), 37 (2000).

(41) Videla, H. A., Swords, C., Edyvean, R. G. J., "Features of SRB-induced corrosion of carbon steel in marine environments. Marine Corrosion in Tropical Environments", S.W. Dean, G. Hernández-Duque Delgadillo, J. B. Bushman (eds.), ASTM STP 1399, ISBN 0-8031-2873-8. USA, (2000).

(42) Videla, H. A. "Microbiological Aspects", em: *Manual of Biocorrosion*, Cap. 2, p. 13, CRC Lewis Publishers, Boca Raton, FL, USA, (1996).

(43) Perramon Torrabadella, J., Pou Serra, R., *Doc. Invest. Hidrol.* **13**, 111 (1972).

(44) Chantereau, J., "Corrosion Bacterienne. Techniques et Documentation", 2nd. Ed., Paris, 168 (1980).

(45) Olsen, E., Szybalski, W., *Acta Chem. Scand.* **3**, 1094 (1949).

(46) Pope, D. H., "MIC in US industries. Detection and prevention", em: *Proc. of the Argentine-USA Workshop on Biodeterioration (CONICET-NSF)*, H.A. Videla (ed.), p. 105, Aquatec Quimica, São Paulo, Brazil, (1986).

(47) Stein, A. A., "MIC in the power industry", em: *A Practical Manual on Microbiologically Influenced Corrosion*, G. Kobrin (ed.), p. 21, NACE International, Houston, TX, (1993).

(48) Lutey, R. W., "Identification and detection of microbiologically influenced corrosion", em: *Proceedings NSF-CONICET Workshop Biocorrosion and Biofouling: Metal/Microbe Interations*, H.A. Videla, Z. Lewandowski, R.W. Lutey (eds.), p. 52, Buckman Laboratories International, Inc., Memphis, TN, (1993).

(49) Bushnell, L. D., Haas, H. F, *J. Bacteriol.* **41**, 653 (1941).

(50) Prince, A. E., *Develop. Ind. Microbiol.* **2**, 197 (1961).

(51) Hill, E. C., Scott, J. *Microbiol. Proc. Conf.* 25 (1971).

(52) Churchill, A. V., *Mater. Protect.* **2**, 18 (1963).

(53) Ward, C. B., *Mater. Protect.* **2**, 10 (1963).

(54) Churchill, A. V., Leathen, W. W., *U.S. Air Force, A. S. D., Tech. Rept.*, 61 (1961).

(55) Hedrick, H. G., Carroll, M. T., Owen, H. P., Pritchard, D. J., *Appl. Microbiol.* **11**, 472 (1963).

(56) Darby, R. T., Simmons, E. G., Wiley, B. J., *Int. Biodetn. Bull.* **4**, 39 (1968).

(57) Rogers, M. R., Kaplan, A. M., *Develop. Ind. Microbiol.* **6**, 80 (1964).

(58) Gutheil, N. C., 1° Simp. Ferm. Assoc. Brasil. Quim., p. 171, S. Paulo, Brasil (1964).

(59) Videla, H. A., Guiamet, P. S., do Valle, S. M., Reinoso, E. H., "Effects of fungal and bacterial contaminants of kerosene fuels on the corrosion of storage and distribution systems", *Corrosion/88*, paper No. 91, NACE International, Houston, TX (1988).

(60) Watkinson, R. J., "Microbial Problems and Corrosion in Oil and Oil Products Storage", p. 50, The Institute of Petroleum, London, UK, (1984).

(61) Neihof, R. A., "Microbes in fuel: An overview with a naval perspective", em: *Proceedings 2nd International Conference on Long-Term Storage Stabilities of Liquid Fuels,* p. 215, Southwest Research Institute, San Antonio, TX, (1986).

(62) Rivers, C., "The Growth, Metabolism and Corrosive Effects of *Cladosporium resinae*", Ph.D. Thesis, Corrosion and Protection Centre, University of Manchester, UK (1973).

(63) Salvarezza, R. C., Videla, H. A., *Anales Asoc. Quim. Argentina* **66**, 317 (1978).

(64) Salvarezza, R. C., Videla, H. A., "Corrosion of aluminum and its alloys by microbial contaminants of jet-fuels", em: *Proc. 7th International Congress on Metallic Corrosion*, p. 293 (1978).

(65) Videla, H. A., "Corrosão de Metais nao Ferrosos", em: *Corrosão Microbiologica*, chap.8, p. 33, Edgard Blücher Editora, Ltda., São Paulo, Brasil (1981).

(66) King, R. A., Scott, J. F., "Corrosion hazard Assessment", em: *Microbial Problems and Corrosion in Oil and Oil Products Storage*, p. 93, The Institute of Petroleum, London, UK, (1984).

(67) Parbery, D. G., *Int. Biodetn Bull.* **4**(1), 79 (1968).

(68) Salvarezza, R. C., de Mele, M. F. L., Videla, H. A., *Br. Corros. J.* **16**(3), 162 (1981).

(69) Salvarezza, R. C., Videla, H. A., "Electrochemical behavior of aluminum in *Cladosporium resinae* cultures", em: *Biodeterioration 6*, S. Barry, D. R. Houghton, G. C. Llewellyn, C. E. O' Rear (eds.), p. 212, CAB International Mycological Institute, London, UK, (1986).

(70) Scott, J. A., Hill, E. C., "Microbial aspects of subsonic and supersonic aircraft", em: *Proc. Symp. Microbiol.*, p. 27 (1971).

(71) Videla, H. A., "The action of *Cladosporium resinae* growth on the electrochemical behavior of aluminum", em: *Biologically Induced Corrosion*, S. C. Dexter (ed.), p. 215, NACE-8, Houston, TX, (1986).

(72) Videla, H. A., Guiamet, P. S., Do Valle, S., Reinoso, E. H., "Effects of fungal and bacterial contaminants of kerosene fuels on the corrosion of storage and distribution systems", em: *A Practical Manual on Microbiologically Influenced Corrosion*, G. Kobrin (ed.), p. 125, NACE International, Houston, TX, (1993).

(73) Rosales, B. M., Puebla, M., Cabral, M., "Role of natural uptake by the mycelium of the fungus *Hormiconis resinae* in the MIC of aluminum alloys", em: *Proc. 12th Intl. Corrosion Congress*, Vol. 5B, p. 3773, (1993).

(74) Walsh, D., Danford, M., Qiong, Q., "The corrosion resistance of aluminum 2219-T87 to dilute biologically active solutions", *Corrosion/92*, paper No. 166, NACE International, Houston, TX, (1992).

(75) Videla, H. A., "Biocorrosion of nonferrous metal surfaces", em: *Biofouling and Biocorrosion in Industrial Water Systems*, G. G. Geesey, Z. Lewandowski, H. C. Flemming (eds.), p. 231, Lewis Publishers, Boca Raton, FL, (1994).

(76) Parbery, D. G., *Mater. Organismen* **6**(3), 161, (1971).

(77) Samuels, B. W., Sotoudeh, K., Foley, R. T., *Corrosion* **37**(2), 92, (1981).

(78) Salvarezza, R. C., de Mele, M. F. L., Videla, H. A., *Int. Biodetn Bull.* **15**(4), 125, (1979).

(79) Neihof, R. A., May, M., *Int. Biodetn Bull.* **19**(2), 59, (1983).

(80) Holmes, S., "Microbiology of hydrocarbon fuels", em: *Proceedings 2nd International Conference on Long-Term Storage Stabilities of Liquid Fuels*, Southwest Research Institute, San Antonio, TX, p. 336, (1986).

(81) Parbery, D. G., "The kerosene fungus", Ph.D. Thesis, University of Melbourne, Australia, (1970).

(82) Parbery, D. G., *Aust. y Bot.* **17**, 331, (1969).

(83) Cooney, J. J., Felix, J. A., *Int. Biodetn. Bull.* **8**, 59, (1972).

(84) Park, P. B., *Int. Biodetn. Bull.* **9**, 79, (1973).

(85) Hedrick, H. G., Owen, H. P., Carroll, M.T., Pritchard, D. J., Albrecht, T. W., Martel, C. R., *Develop. Ind. Microbiol.* **5**, 287, (1964).

(86) Hedrick, H. G., Carroll, M. T., Owen, H. P., *Develop. Ind. Microbiol.* **6**, 133, (1964).

(87) Allsopp, D., Seal, K. J., "Biodeterioration of Refined and Processed Materials", em: *Introduction to Biodeterioration*, Cap. 3, p. 29, Edward Arnold, London, (1986).

(88) Hopton, J. W., Hill, E. C. (eds.) *Industrial Microbiological Testing*, Blackwell Scientific Publications, Oxford, UK, 249 pp. (1987).

(89) Genner, C., Hill, E. C., "Fuels and Oils", em: *Microbial Biodeterioration*, A. H. Rose (ed.), p. 260, Academic Press, London, (1981).

(90) Brisou, J. "Microbiologie du Milieu Marin", Ed. Medicales Flammarion, Paris (1955).

(91) Videla, H. A., "Electrochemical aspects of biocorrosion", em: *Bioextraction and Biodeterioration of Metals*, C. C. Gaylarde, H. A. Videla (eds.), p. 85, Cambridge University Press and CAB International Mycological Institute, Cambridge, (1995).

(92) Videla, H. A., Characklis, W. G., *Intern. Biodet. Biodegr.* **29**, 195 (1992).

(93) Videla, H. A., "Corrosion inhibition in the presence of microbial corrosion", *Corrosion/96*, paper No. 223, NACE International, Houston, TX (1996).

(94) Videla, H. A., "Metal dissolution/redox in biofilms", em: *Structure and Function of Biofilms*, W. G. Characklis, P. A. Wilderer (eds.), p. 301, John Wiley & Sons, Chichester, U.K., (1989).

(95) Reinhart, F. M. *U.S. Naval Civil Engineering Lab. Tech.* Note N-921. Port Hueneme, CA, (1967).

(96) Videla, H. A., Gómez de Saravia, S. G., de Mele, M. F. L., "MIC of heat exchanger materials in marine media contaminated with sulphate-reducing bacteria", *Corrosion/92*, Paper No. 189, NACE International, Houston, TX, (1992).

(97) Cotton, J. B., Downing, B. P., *Trans. Inst. Marine Engineering* **69**, 311, (1957).

(98) Adamson, W. L., Report PAS-75-29. David W. Taylor Naval Ship Research and Development Center, Bethesda, MD, (1976).

(99) Little, B. J., Wagner, P. A., Ray, R. I., "An evaluation of titanium exposed to thermophilic and marine biofilms", *Corrosion/93*, Paper No. 308, NACE International, Houston, TX,(1993).

(100) Aylott, P. J., Stott, P. J., Eden, R. D., Grover, H. K., "Monitoring of marine biofouling of titanium tubed heat exchanger using a remote controlled thermal resistance method", *Corrosion/95*, paper No. 195, NACE International, Houston, TX, (1995).

(101) Videla, H. A., Viera, M. R., Guiamet, P. S., Mele, M. F. L., Staibano Alais, J. C., "Effect of dissolved ozone on the passive behavior of heat exchanger structural materials. Biocidal efficacy on bacterial biofilms", *Corrosion/95*, paper No.199, NACE International, Houston, TX, (1995).

(102) Videla, H. A., Mele, M. F. L., Brankevich, G. J., "Microfouling of several metal surfaces in polluted sea water and its relation with corrosion", *Corrosion/87*, paper No. 365, NACE International, Houston, TX, (1987).

(103) Lewandowski, Z., Lee, W. C., Characklis, W. G., Little, B. J., "Microbial alteration of the metal water interface: dissolved oxygen and pH microelectrode measurements", *Corrosion/88*, paper No. 93, NACE International, Houston, TX, (1988).

(104) Dexter, S. C., Lucas, K. E., Gao, G. Y., "The role of marine bacteria in crevice corrosion initiation", em: *Biologically Induced Corrosion*, S.C. Dexter (ed.), p. 144, NACE International, Houston, TX., (1986).

(105) Mollica, A., *Int. Biodet. Biodegr.* **29**, 213, (1992).

(106) Dexter, S. C., "Effects of biofilms on marine corrosion of passive alloys", em: *Bioextraction and Biodeterioration of Metals*, C. C. Gaylarde, H. A. Videla (eds.), p. 129, Cambridge University Press, Cambridge, (1995).

(107) Blunn, G., "Biological fouling of copper and copper alloys", em: *Biodeterioration 6*, S. Barry, D. R. Houghton, G. C. Llewellyn, C. E. O'Rear (eds.), p. 567, CAB International Mycological Institute, London, UK, (1986).

(108) Characklis, W. G., Cooksey, K. E., *Adv. Appl. Microbiol.* **29**, 93, (1983).

(109) Videla, H. A., "Biocorrosion and Biofouling. Metal/Microbe Interactions. A retrospective overview", *NSF-CONICET Workshop on Biocorrosion & Biofouling: Metal/Microbe Interactions*, H. A. Videla, Z. Lewandowski, R. Lutey (eds.), p. 101, Buckman Lab. Int., Memphis, TN, USA, (1993).

(110) Videla, H. A., Mele, M. F. L., Brankevich, G. J., "Biofouling and corrosion of stainless steel and 70/30 copper-nickel samples after several weeks of immersion in seawater", *Corrosion/89*, paper No. 291, NACE International, Houston, TX, (1989).

(111) Mele, M. F. L., Videla, H. A., Brankevich, G. J., *Br. Corros. J.* **24**, 211, (1987).

(112) Chamberlain, A. H. L., Garner, B. J., *Biofouling* **1**, 79, (1988).

(113) Edyvean, R. G. J., "Interactions between microfouling and the calcareous deposit formed on cathodically protected steel in seawater", em: *Proc. 6th. International Congress on Marine Corrosion and Fouling*, Atenas (Grécia), p. 469, (1984).

(114) Mollica, A., Trevis, A., Traverso, E., Ventura, G., Scotto, V., Alabiso, G., Marcenaro, G., Montini, U., Carolis, G. de, Dellepiane, R., "Interaction between biofouling and oxygen reduction rate on stainless steel in seawater", em: *Proc. 6th. International Congress on Marine Corrosion and Fouling*, p. 269, (1984).

(115) Johnsen, E., Bardal, E., "The effect of microbiological slime layer on stainless steel in natural seawater", *Corrosion/86*, paper No. 227, NACE International, Houston, TX, (1986).

(116) Dexter, S. C., Gao, G. Y., *Corrosion* **44**, 717, (1988).

(117) Scotto, V., DiCintio, R., Marcenaro, G., *Corros. Sci.* **25**, 185, (1985).

(118) Geesey, G. G., "Mechanisms and chemistry of MIC", em: *Proceedings NSF-CONICET Workshop Biocorrosion and Biofouling*, H. A. Videla, Z. Lewandowski, R. W. Lutey (eds.), p. 2, Buckman Laboratories International, Inc., Memphis, TN, (1993).

(119) Dexter, S. C., Chandrasekaran, H. J., Zhang, H. J., Wood, S., "Microbial corrosion in marine environments: effect of microfouling organisms on corrosion of passive metals", em: *Proceedings NSF-CONICET Workshop Biocorrosion and Biofouling*, H. A. Videla, Z. Lewandowski, R. W. Lutey (eds.), p. 171, Buckman Laboratories International, Inc., Memphis, TN, (1993).

(120) Mansfeld, F., Little, B. J., "The application of electrochemical techniques for the study of MIC. A critical review", *Corrosion/90*, paper No. 108, NACE International, Houston, TX, (1990).

(121) Videla, H. A., Mollica, A., Scotto, V., *Oebalia*, Vol. **XIX**, Suppl. 343, (1993).

(122) Dexter, S. C., Zhang, H. J., "Effects of biofilms on corrosion potential of stainless alloys in estuarine waters", em: *Proc. 11th Intern. Corr. Congr.*, p. 4333, (1990).

(123) Lewandowski, Z., "MIC and biofilm heterogeneity", *Corrosion/2000*, paper No. 400, NACE International, Houston, TX, (2000).

(124) Little, B. J., Wagner, P. A., Lewandowski, Z., "The Role of Biomineralization in Microbiologically Influenced Corrosion", *Corrosion/98*, paper No. 294, NACE International, Houston, TX, (1998).

(125) Olesen, B. H., Avci, R., Lewandowski, Z., "Ennoblement of Stainless Steel Studied by X'ray Photoelectron Spectroscopy", *Corrosion/98*, paper No. 275, NACE International, Houston, TX, (1998).

(126) Dexter, S. C., Lafontaine, J.P., *Corrosion* **54**, 851, (1998).

(127) Hernández, G., Hartt, W. H., Videla, H. A., *Corros. Reviews* **12**, 29, (1994).

(128) Edyvean, R. G. J., *MTS Journal* **24**, 5, (1990).

(129) Guezennec, J., *Biofouling* **3**, 339, (1991).

(130) Videla, H. A., Gómez de Saravia, S. G., Mele, M. F. L., "Early stages of bacterial biofilm and cathodic protection interactions in marine environments", em: *Proc. 12th Intern. Corros. Congr.*, NACE International, 5B p. 3687, (1993).

(131) Mele, M. F. L., Gómez de Saravia, S. G., Videla, H. A., "An overview on biofilms and calcareous deposits interrelationships on cathodically protected steel surfaces", em: *Proc. 1995 International Conference on Microbially Influenced Corrosion*, AWS-NACE International, New Orleans, LA, USA, 50-1, (1995).

(132) Edyvean, R. G. J., *Int. Biodet.* **23**, 199, (1987).

(133) Videla, H. A., Freitas, M. M. S., Araujo, M. R., Silva, R. A., "Corrosion and biofouling studies in Brazilian off-shore seawater injection systems", *Corrosion/89*, paper No. 191, NACE International, Houston, TX, (1989).

(134) Videla, H. A., Bianchi, F., Freitas, M. M. S., Canales, C. G., Wilkes, J. F., "Monitoring biocorrosion and biofilms in industrial waters: a practical approach", em: *Microbiological Influenced Corrosion Testing*, J. R. Kerns, B. J. Little (eds.), ASTM STP 123, p. 128, Philadelphia, PA, 128, (1994).

(135) Videla, H. A., Guiamet, P. S., Staibano Alais, J. C., Edyvean, R. G. J., *Corros. Reviews* **13**(2-4), 191 (1995).

(136) Edyvean, R. G. J., Videla, H. A., "Biofouling and MIC interactions in the marine environment. An overview", em: *Microbial Corrosion 2*, C. A. Sequeira, A. K. Tiller (eds.), No. 8, p. 18, EFC publications, (1992).

(137) Brankevich, G. J., Mele, M. F. L., Videla, H. A., *MTS Journal* **24**, 18, (1990).

(138) Beech, I. B., Campbell, S. A., Walsh, F. C., "Marine microbial corrosion, case history C-5-3", em: *MIC Manual*, Cap. 11, Vol. II, J. G. Stoecher II (ed.), 11,3, NACE Press, Houston, TX (2001).

(139) Gubner, R. J., Beech, I. B. "Statistical assessment of the risk of the accelerated low-water corrosion in the marine environment", *Corrosion/99*, paper No. 318, NACE International, Houston, Tx, (1999).

CAPÍTULO 7

INIBIÇÃO MICROBIANA DA CORROSÃO

Os microrganismos influenciam a corrosão modificando as condições do meio e a interfase metal/solução. Tais mudanças podem resultar em diferentes efeitos, desde *induzir* a corrosão localizada até *inibir* a corrosão mediante redução da velocidade ou interrupção de alguma das reações do processo. Assim, qualquer efeito biológico que facilite a reação anódica ou catódica, ou que separe permanentemente as zonas anódicas e catódicas, aumentará a dissolução do metal: o estímulo da reação anódica (pela introdução de metabólitos corrosivos no meio), ou da reação catódica (mediante a produção metabólica de um reagente catódico, a ruptura de filmes protetores ou um aumento da condutividade do meio líquido) promoverá um aumento da corrosão (1).

Embora a natureza eletroquímica do processo de corrosão abiótico permaneça presente na biocorrosão, a participação dos microrganismos introduz vários efeitos importantes provenientes da modificação da interfase metal/solução devido à presença do biofilme. Os biofilmes não só modificam a interação entre o metal e o meio nos processos de biodeterioração, como também em vários processos biotecnológicos de recuperação e produção de materiais (2). Em todos esses processos, indesejáveis ou benéficos, a chave para a alteração das condições sobre a superfície metálica é a presença de biofilme (3).

A colonização microbiana das superfícies metálicas modifica drasticamente o conceito clássico de interfase eletroquímica adotado no estudo da corrosão inorgânica, uma vez que são produzidas importantes mudanças no tipo de íons e em sua concentração, nos valores de pH e nas condições redox do meio líquido, alterando o comportamento passivo do metal e dos produtos de corrosão, assim como os parâmetros eletroquímicos usados na determinação da velocidade de corrosão (4).

INIBIDORES DA CORROSÃO

Inibir a corrosão significa paralisar ou reduzir a velocidade de dissolução metálica, o que geralmente se obtém com substâncias que, utilizadas em pequenas quantidades, reduzem a corrosividade do meio sobre o metal. Essas substâncias chamam-se *inibidores de corrosão* e sua ação inibidora pode ocorrer por diminuição da velocidade de uma das duas reações (anódica ou catódica) do processo de corrosão, ou pela produção de um filme estável e uniforme, aumentando dessa forma a resistência elétrica no circuito. São dois os tipos de inibidores de corrosão e atuam segundo:

- suas propriedades oxidantes (por exemplo, cromatos, nitritos); ou
- sua necessidade de oxigênio dissolvido no meio para cumprir a função de formar filmes protetores (por exemplo, carbonatos, fosfatos).

Geralmente os inibidores oxidantes mostram-se mais efetivos em baixas concentrações do que os inibidores do segundo tipo, sendo utilizados para inibir a corrosão de metais e ligas que apresentam transições ativo/passivo, como é o caso do ferro e dos aços oxidáveis. Os filmes produzidos pelos inibidores de corrosão são similares aos filmes passivos e, assim como estes, são afetados pela presença de íons cloreto no meio líquido.

Microrganismos aeróbicos reduzem a concentração de oxigênio dissolvido no meio pelo processo metabólico da respiração. Como o oxigênio é um dos reagentes necessários para que ocorra a reação catódica complementar da dissolução metálica, é fácil intuir que esse mecanismo deve ser de inibição microbiana da corrosão. Para representar esse mecanismo, a Fig. 7-1 ilustra os possíveis efeitos da respiração microbiana sobre a curva anódica de polarização de um metal que apresenta transição ativo/passivo. Como a respiração modifica a concentração de oxigênio dissolvido, a interseção da curva catódica com a curva anódica (que determina o potencial e a corrente de corrosão do metal nesse meio) pode sofrer deslocamentos que mudam essa interseção para os pontos *a*, *e* ou *f* ou que se produzam as três interseções assinaladas em *b-c-d*.

No ponto *a*, o comportamento do metal nesse meio é ativo, já que a interseção da curva catódica com a anódica ocorre na zona de dissolução ativa. No ponto *e*, o comportamento é passivo estável (a interseção ocorre na zona passiva), enquanto o ponto *f* nos indica que o ataque pode ocorrer por um processo de corrosão localizada. Finalmente, a curva catódica com interseções nos pontos *b* (comportamento ativo), *c* (transição ativo/passivo) e *d* (zona passiva) nos indica uma apassivação instável do metal nessas condições. No eixo das ordenadas, estão indicados os potenciais catódicos E_1^0, E_2^0, E_3^0 e E_4^0 correspondentes às interseções *a*, *b-c-d*, *e* e *f*, respectivamente (5).

A informação necessária para se determinar onde será a interseção da curva anódica com a catódica (e, portanto, o comportamento ativo ou passivo) que apresentará um metal em um meio pode ser obtida por meio de ensaios eletroquímicos de polarização, mencionados no Cap. 5.

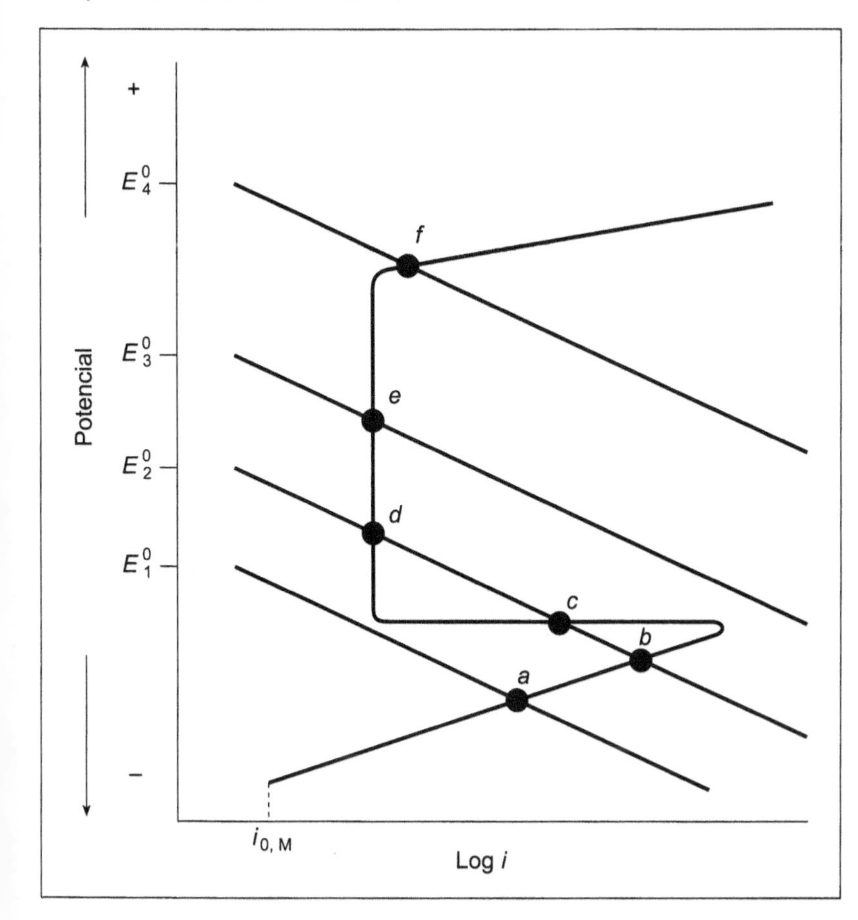

Figura 7-1 Efeito da ação microbiana sobre a inibição da corrosão em um metal com transição ativo/passivo. [Ref. (5), com permissão da NACE International.]

Um terceiro tipo de inibidor de corrosão, não-mencionado anteriormente, corresponde aos chamados *inibidores/formadores* de filme (por exemplo, aminas orgânicas, benzoatos). Sua ação se baseia na produção de um filme adsorvido fortemente sobre a superfície que será protegida, de modo a inibir a dissolução metálica e a reação de redução. De acordo com o mecanismo de ação desses inibidores, é fácil entender que os biofilmes microbianos podem se tornar um obstáculo à ação inibidora, impedindo o contato do inibidor com o metal, ou, por outro lado, um biofilme microbiano que seja uniforme e estável pode inibir a corrosão sobre a superfície metálica ativa, isolando-a do meio corrosivo.

MECANISMOS DE INIBIÇÃO MICROBIANA DA CORROSÃO

Os mecanismos através dos quais os microrganismos conseguem inibir a corrosão podem ser encontrados na ref. (6). Esses mecanismos de inibição atuam por:

- neutralização da ação corrosiva do meio;
- estabilização de um filme protetor sobre a superfície metálica;
- modificação das características fisico-químicas de um meio, reduzindo sua corrosividade.

MECANISMO 1 – NEUTRALIZAÇÃO DA AÇÃO CORROSIVA

Uma das formas mais freqüentes de biocorrosão se dá pela produção de metabólitos corrosivos (geralmente ácidos orgânicos ou inorgânicos), que aumentam a velocidade de dissolução metálica ou despolarizam a reação catódica mediante o fornecimento de prótons. Qualquer atividade microbiana que se oponha a esses efeitos poderá inibir a corrosão, quando as condições do ambiente forem favoráveis. Um exemplo desse mecanismo foi publicado para a inibição da corrosão localizada de aço inoxidável em meio marinho (7, 8). Nesse caso, os microrganismos (entre eles, *Serratia marcescens*, que mencionaremos no mecanismo 3), produzem um filme biológico uniforme sobre o aço, inibindo a reação anódica enquanto a respiração aeróbica reduz, simultaneamente, a concentração do reagente catódico (oxigênio) necessário para a reação de redução complementar. A presença de metabólitos com ação protetora no biofilme aumentaria a ação inibidora deste.

Outro exemplo desse mecanismo, embora por um caminho diferente, foi descrito para a inibição da corrosão do aço-carbono por bactérias termófilas do gênero *Bacillus* e pela alga *Deleya marina* (9). Verificou-se uma redução de até 94% na velocidade de corrosão do aço em presença desses microrganismos, segundo os autores, devido à complexação dos íons ferrosos provenientes da dissolução do metal pelos metabólitos.

Exemplo adicional desse mecanismo de inibição é dado pela ação microbiana capaz de neutralizar os chamados efeitos do hidrogênio na corrosão do aço-carbono em meio marinho. Foi demonstrado (10, 11), tanto em campo como em experiências de laboratório, que os biofilmes microbianos podem retardar o crescimento e a propagação das fissuras no metal (cracks). As fissuras conduzem à corrosão por fadiga em meios ácidos contendo sulfetos ou hidrogênio sulfetado. Essa ação se desenvolve impedindo o processo de fragilização por hidrogênio (embrittlement) através do bloqueio da entrada das fissuras pelo MPE do biofilme. A velocidade de propagação das fissuras em meios bióticos é consideravelmente inferior àquela em meios abióticos, graças à interferência do MPE com reações de dissolução e dissociação do hidrogênio na interfase metal/líquido, assim como pelo bloqueio da adsorção do hidrogênio pelo metal.

MECANISMO 2 – ESTABILIZAÇÃO DE UM FILME PROTETOR

Exemplo de um mecanismo assim encontramos na corrosão anaeróbica do ferro por BRS. Esses casos de biocorrosão, por sua importância prática e relevância econômica, têm sido bastante abordados, na literatura da área, desde a publicação da Teoria de Despolarização Catódica (TDC), já mencionada várias vezes neste livro. Em publicações mais atualizadas (12-14) demonstrou-se a importância do filme de sulfeto de ferro que se forma sobre o metal no processo anódico de corrosão, assim como sua possível alteração conforme as condições do meio (pH, concentração de íon ferro e acesso de oxigênio).

A concentração de íons de ferro e sulfetos estabelece que o filme de sulfeto de ferro resultante seja aderente e fortemente protetor, ou que precipite e se desprenda facilmente da superfície do metal (15). Assim, a inibição microbiana da corrosão é obtida quando a ação metabólica das BRS permite a formação de filmes uniformes e altamente aderentes de sulfeto de ferro sobre o metal, em condições fisico-químicas adequadas do solo ou do meio líquido em que ocorre o processo.

MECANISMO 3 – MODIFICAÇÃO DAS CARACTERÍSTICAS FISICO-QUÍMICAS DO MEIO

A atividade metabólica dos microrganismos pode reduzir a corrosividade de um meio e inibir a corrosão metálica quando são criadas condições adequadas para que os metabólitos agressivos se tornem inativos. Esse mecanismo ocorre na inibição da corrosão do alumínio e ligas em sistemas água/combustível. Uma das bactérias isoladas nesses sistemas, a *Serratia marcescens*, é capaz de degradar as cadeias de hidrocarbonetos do combustível JP sem acidificar muito o meio, como ocorre na presença de outros contaminantes microbianos, por exemplo do gênero *Pseudomonas*, ou fungos, como *Hormoconis resinae* (16). Com um valor de pH próximo da neutralidade, os produtos de degradação dos hidrocarbonetos, ao invés de serem encontrados em sua forma ácida (cítrico, alfa-cetoglutárico, entre outros), apresentam-se como ânions, que mostram um efeito protetor sobre o alumínio. Essa ação inibidora tem sido comprovada com medidas de laboratório de potencial de pites, de pH da fase aquosa e de cromatografia gasosa do combustível na presença de microrganismos responsáveis por ações opostas: uma corrosiva e outra passivante do alumínio (17).

Esses resultados podem ser observados nas Tabs. 7-1 e 7-2. Na Tab. 7-1, vê-se que o pH dos meios de crescimento de *Serratia* mantém-se próximo da neutralidade, coincidindo com os potenciais de pites mais positivos que os obtidos para o alumínio em meio estéril. Por outro lado, em presença de bactérias do gênero *Pseudomonas*, a acidificação do meio é maior e o potencial de pites do alumínio, mais negativo. Na Tab. 7-2, observa-se que a degradação do combustível é maior para a *Serratia*, indicando que, se a produção de metabólitos ácidos aumentasse, estes seriam encontrados no meio na forma aniônica de ação passiva.

TABELA 7-1

VALORES DO POTENCIAL DE PITES DO ALUMÍNIO E DO PH, EM MEIO ESTÉRIL E EM CULTIVO DE *Serratia marcescens* E *Pseudomonas sp.*, APÓS 15 DIAS DE INCUBAÇÃO DO METAL COM OS MICRORGANISMOS.

Microrganismo	pH	E_p (V vs. ECS*)
Meio estéril	7,00	0,01
Pseudomonas sp.	5,75	-0,29
Serratia marcescens	6,50	0,42

*Eletrodo de calomelano saturado.

TABELA 7-2

FRAÇÃO DE HIDROCARBONETOS DO COMBUSTÍVEL JP1 (ENTRE C_8 E C_{18}) APÓS DUAS SEMANAS DE INCUBAÇÃO COM MICRORGANISMOS

Combustível estéril	100,0%
Combustível incubado com *Pseudomonas sp.*	96,21%
Combustível incubado com *Serratia marcescens*	94,78%

BIBLIOGRAFIA

(1) Videla, H. A., "Corrosion inhibition in the presence of microbial corrosion", *Corrosion/96*, paper No. 223, NACE International, Houston, TX, (1996).

(2) Videla, H. A., Characklis, W. G., *Int. Biodeterior. Biodegr.* **29**, 195,(1992).

(3) Edyvean, R. G. J., Videla, H. A., *Interdisc. Sci. Rev.* **16**, 267, (1991).

(4) Videla, H. A., "Metal dissolution/redox in biofilms", em: *Structure and Function of Biofilms*, W. G. Characklis, P.A. Wilderer (eds.), p. 301, John Wiley & Sons, Chichester, UK, (1989).

(5) Dexter, S. C., Duquette, D. J., Siebert, O. W., Videla, H. A., *Corrosion* **47**, 308, (1991).

(6) Videla, H. A., "Corrosion inhibition in the presence of microbial corrosion" em: *Reviews on Corrosion Inhibitor Science and Technology*, Vol 2, A. Raman, P. Labine (eds.), IX, 1-11, NACE International, Houston, TX, (1996).

(7) Pedersen, A., Hermansson, M., *Biofouling* **1**, 313, (1989).

(8) Pedersen, A., Hermansson, M., *Biofouling* **3**, 1, (1991).

(9) Ford, T., Maki, J. S., Mitchell, R., "Involvement of Bacterial Exopolymers in Biodeterioration of Metals", em: *Biodeterioration* 7, D. R. Houghton, R. N. Smith, H. O. W. Eggins (eds.), p. 378, Elsevier Applied Science, London, (1988).

(10) Thomas, C. J., Edyvean, R. G. J., Brook, R., *Biofouling* **1**, 65, (1988).

(11) Edyvean, R. G. J., Benson, J., Thomas, C. J., Beech, I. B., Videla, H. A., "Biological influence on hydrogen effects in steel in seawater", *Corrosion/97*, paper No. 206, NACE International, Houston, TX, (1997).

(12) Hamilton, W. A., *Ann. Rev. Microbiol.* **39**, 195, (1985).

(13) Lee, W., Lewandowski, Z., Nielsen, P. H., Hamilton, W. A., *Biofouling* **8**, 165, (1995).

(14) Videla, H. A., *Biofouling* **15**, 37, (2000).

(15) Videla, H. A., Swords, C. L., de Mele, M. F. L., Edyvean, R. G. J., Watkins, P. Beech. I. B., "The role of iron in SRB influenced corrosion of mild steel", *Corrosion/98*, paper No. 289, NACE International, Houston, TX, (1998).

(16) Videla, H. A., Guiamet, P. S., Dovalle, S. M., Reinoso, E. H., "Effects of fungal and bacterial contaminants of kerosene fuels on the corrosion of storage and distribution systems", *Corrosion/88*, paper No. 91, NACE International, Houston, TX, (1998).

(17) Videla, H. A., Guiamet, P. S., "Protective action of *Serratia marcescens* in relation to the corrosion of aluminum and its alloys" em: *Biodeterioration Research 1*, G. C. Llewellyn, C. E. O'Rear (eds.), p. 275, Plenum Press, New York, (1986).

CAPÍTULO 8

BIODETERIORAÇÃO DE MATERIAIS NÃO-METÁLICOS

Segundo Hueck, a definição de "biodeterioração de materiais", enunciada no Cap. 2, compreende uma ampla gama de materiais. Estes podem ser divididos, de acordo com Allsopp e Seal (1), em:

- materiais naturais;
- materiais refinados e processados;
- estruturas, sistemas e veículos.

Os ***materiais naturais*** incluem aqueles derivados da celulose – o componente biológico mais abundante na Terra (madeira, alimentos armazenados) –, os produtos de origem animal (couro, lã, peles, penas), peças de museu e também os monumentos em pedra.

Os chamados ***materiais refinados e processados*** compreendem: combustíveis (em sua grande maioria derivados do petróleo), lubrificantes (entre eles, as emulsões de corte para a usinagem de metais); plásticos, borrachas, vidro, pinturas, produtos farmacêuticos, cosméticos; metais (cuja biodeterioração é denominada biocorrosão); adesivos e seladores.

Quanto a ***estruturas, sistemas, veículos***, podemos mencionar, dentro dos primeiros, os edifícios (cujos materiais construtivos foram citados no segundo item), os sistemas de transporte (ferrovias, estradas e vias fluviais), os veículos (aviões e navios) e, finalmente, a biotedeterioração de peças de museu.

Como se pode ver, é grande a diversidade dos materiais mencionados nessa classificação, assim como suas várias condições de uso. Isso nos impossibilita tratar a biodeterioração de tais materiais num único capítulo deste livro, dedicado prioritariamente ao estudo da biocorrosão e do biofouling. Assim, abordaremos brevemente:

- a biodeterioração da pedra e de monumentos relacionados com o patrimônio cultural;
- a biodeterioração de materiais não-metálicos utilizados em substituição de metais, como plástico e borracha;

e, finalmente, faremos uma sucinta descrição da

- biodeterioração de combustíveis, lubrificantes e emulsões de corte, freqüentemente relacionados com problemas de biocorrosão de tubulações, tanques de armazenamento, plantas de processamento de metais, etc.

BIODETERIORAÇÃO EM MONUMENTOS DE PEDRA

Muitos materiais estruturais, como a pedra, estão expostos à colonização por microrganismos. Os parâmetros que apresentam maior influência sobre o crescimento microbiano estão relacionados com fatores ambientais, como umidade, luz e natureza química do substrato (2). Assim, os primeiros microrganismos colonizadores requerem a presença de umidade e de uma quantidade mínima de sais minerais. A poluição ambiental e antropogênica são fatores relevantes na biodeterioração do material estrutural.

Damos o nome de ***biodeterioração do patrimônio cultural*** ao dano químico e físico realizado por organismos sobre objetos, monumentos ou edifícios que pertencem ao acervo cultural de uma nação, civilização ou de toda humanidade, conforme sua importância.

Os microrganismos estão intimamente envolvidos nos processos quimiorganotróficos de biodeterioração: as bactérias autótrofas e heterótrofas são capazes de atacar a pedra tanto por efeitos químicos e físicos de seu metabolismo como pela presença de seus biofilmes. Às vezes, a biodeterioração se manifesta como pigmentação do material-base (3).

Os ***fungos*** são microrganismos heterótrofos que podem degradar a pedra tanto por efeitos químicos como mecânicos (4). As ***cianobactérias*** (microalgas) são em geral os primeiros microrganismos colonizadores, devido à necessidade primária de luz, podendo degradar a pedra por ação mecânica e química. Normalmente notamos sua presença pelo aparecimento de pátinas (Fig. 8-1). Os ***liquens*** (associação simbiótica entre algas e fungos) são, também, agentes de freqüente biodeterioração da pedra, de modo similar aos musgos e às plantas superiores (5).

A biodeterioração de monumentos e edifícios de valor histórico e cultural se manifesta pela captação de cálcio ou outros íons que provocam a erosão superficial, deixando-os mais susceptíveis a um ataque ambiental. Em muitos casos, há uma relação sinérgica entre o processo de biodeterioração microbiológica e os processos de biodegradação microbiológica de poluentes ambientais (6). Por esse motivo, Koestler (7) considera a biodeterioração de materiais como um processo ***secundário*** da degradação, que se inicia apenas quando já existe deterioração anterior devida a outras causas.

Figura 8-1 Pátinas desenvolvidas por associações de cianobactérias e algas sobre pedra calcária, em monumentos maias de Chichén Itzá, na Península de Iucatan (México).

De um modo geral, os microrganismos podem ser encontrados na forma epilítica (sobre as superfícies), casmolítica (em fendas ou fissuras) ou endolítica (dentro do material), formando comunidades que interagem simultaneamente com o substrato e o meio ambiente (8). Portanto é muito fácil encontrarmos biofilmes em edifícios de pedra ou de concreto armado contendo organismos fototróficos, quimiorganotróficos e quimiolitoautotróficos, tanto aeróbicos como anaeróbicos associados a processos de biodeterioração.

MECANISMOS DE BIODETERIORAÇÃO EM MONUMENTOS DE PEDRA

Classificamos os mecanismos de biodeterioração de pedra, utilizada como material estrutural de monumentos e de edifícios de valor histórico e cultural, segundo a ação metabólica e física dos organismos envolvidos (9):

Produção de metabólitos ácidos

Possivelmente o mais freqüente dos mecanismos de biodeterioração de pedra provocados por bactérias e fungos. O crescimento microbiano está geralmente associado à produção metabólica de substâncias ácidas que causam importantes decréscimos do pH em regiões localizadas do substrato (10). Por exemplo, as bactérias oxidantes de enxofre são capazes de transformar o sulfeto de hidrogênio em ácido sulfúrico de alta agressividade. As bactérias heterótrofas utilizam uma fonte externa de matéria orgânica para produzir ácidos orgânicos que causam uma biossolubilização de cálcio, de magnésio e de manganês e a formação de compostos de conversão da sílica e dos óxidos de ferro presentes na estrutura da pedra (11).

Os fungos são, também, microrganismos heterótrofos que atuam como agentes ativos de biodeterioração por meio da produção de ácidos orgânicos e de efeitos mecânicos devidos à penetração do micélio fúngico no substrato e à produção metabólica de substâncias quelantes.

Produção de ácido carbônico e oxálico e agentes quelantes

A produção de agentes quelantes, como os polifenóis, foi abordada na ref. (12). A formação de oxalato pode resultar na produção de pátinas e no desgaste químico do substrato, como foi comprovado na biodeterioração da pedra por liquens (13).

Produção metabólica de tensoativos

A produção, por bactérias heterótrofas e fungos, de ésteres de ácidos orgânicos pode alterar a penetração capilar da água no substrato, aumentando a capacidade de hidratação deste (14). Trata-se de um mecanismo importante na presença de agentes poluentes antropogênicos, orgânicos e inorgânicos (por exemplo, hidrocarbonetos alifáticos e aromáticos), que aceleram os processos de biodeterioração quimiorganotrófica.

Processos de biotransformação

Exemplos desse tipo de processo encontramos na produção microbiana de óxidos, fosfatos, carbonatos ou oxalatos.

Processos de biodeterioração mecânica

Esse mecanismo pode ser ilustrado pelo crescimento de liquens, que produzem a penetração das hifas no substrato, seguido do desprendimento periódico do talo, de acordo com as flutuações de umidade, que conduz à perda de fragmentos minerais aderidos (15). Quando os liquens estão associados a plantas briófitas, produz-se tanto dano químico como mecânico na pedra, dando lugar para uma posterior invasão de vegetais vasculares, cujo crescimento é a causa da deterioração grave da estrutura dos edifícios e monumentos em áreas tropicais, onde o crescimento de vegetação desse tipo é exuberante (16).

Segundo Warscheid e Krumbein (17), a biodeterioração da pedra ou do concreto pode transcorrer segundo mecanismos ***biogeoquímicos*** e ***biogeofísicos***. Entre os primeiros, a produção biogênica de ácidos orgânicos e inorgânicos induz a lixiviação ácida dos componentes minerais do substrato. Esta, combinada com processos de ***biooxidação*** do material, formando cátions, provoca o enfraquecimento do mineral. A formação de biofilmes não provoca apenas uma degradação no aspecto estético, mas altera, também, a temperatura e o conteúdo de umidade. Devido à contração e expansão dos depósitos biológicos, podem ocorrer pressões mecânicas sobre a rede estrutural do mineral, provocando ***bioerosão*** e ***bioabrasão***.

Já os processos biogeofísicos dependem do meio ambiente e de seu grau de poluição, promovendo a formação de ***pátinas***. A formação de diversos extratos, devido a alterações químicas no material e na estrutura da superfície, provoca o aparecimento de ***crostas*** (crostas cristalinas protetoras) e ***incrustações*** (crostas interiores, amorfas ou cristalinas). Quando essas crostas são escuras, aceleram o ***stress*** físico da matriz estrutural inorgânica pelo aumento do calor específico do mineral, a alteração da sua expansão hidrotérmica e de sua capacidade de retenção de umidade. Do ponto de vista químico, as ***crostas negras*** decorrem da deposição de gases provenientes da poluição (por exemplo, SO_2, NO_2, CO_2) presentes em ambientes urbanos ou industriais, compostos orgânicos, óxidos e hidróxidos de ferro e material particulado diverso.

As propriedades do substrato, as condições climáticas e a estrutura arquitetônica do edifício são os três fatores mais importantes na formação das crostas. A eles deve-se somar o efeito catalisador da ação metabólica microbiana, que também contribui para a formação das crostas. Estas não apenas influem na durabilidade do material mas também na perda de seu valor estético. O papel da melanina microbiana (17) na pigmentação marrom-escura presente na maioria dos monumentos foi originalmente atribuído à mineralização parcial da clorofila produzida pelas cianobactérias e algas.

BIODETERIORAÇÃO DO PATRIMÔNIO CULTURAL IBERO-AMERICANO

Devido à extensão de seu território (da fronteira do México com os Estados Unidos até a Antártida, além da Península Ibérica), o patrimônio cultural ibero-americano sofre influência de uma grande variedade de climas e ambientes naturais. Na América Central e do Sul, esse patrimônio é representado, principalmente, por três civilizações pré-colombianas: ***asteca*** (vale do México central), ***maia*** (várias regiões do sul mexicano, Belize, Guatemala e Honduras) e ***inca*** (sul do Equador, Peru e norte do Chile). Em muitos desses monumentos pré-colombianos, a biodeterioração se deve a fatores ambientais (elevadas temperaturas e umidade), a uma crescente contaminação ambiental de origem natural e antropogênica e à diversidade das comunidades macro e microbiológicas presentes.

Diversos artigos (18-20) foram publicados sobre a biodeterioração de monumentos da cultura maia na Península de Iucatan e nas selvas da Guatemala (16). A Agência Espanhola de Cooperação Internacional (AECI) desenvolveu, entre 1994 e 1998, um plano de conservação e restauração do patrimônio ibero-americano em diferentes países latino-americanos, Espanha e Portugal. A partir de 1999, a Rede Temática XV-E (Preservar), do programa Cooperación y Tecnología para el Dasarrollo (CYTED), está empenhada no estudo da proteção e conservação do patrimônio cultural ibero-americano contra os efeitos da biodeterioração ambiental por meio de publicações, ações de transferência e divulgação que podem ser consultadas no site da Rede Preservar, na Internet, e em várias publicações realizadas, todas elas citadas na parte final deste livro, nas "Publicações recomendadas".

BIODETERIORAÇÃO DE MATERIAIS PLÁSTICOS E BORRACHAS

Os materiais comumente denominados ***plásticos*** e ***borrachas sintéticas*** constituem um amplo grupo usado, freqüentemente, em substituição ou em complemento aos metais, a partir da segunda metade do século XX. O termo genérico plástico não se limita apenas ao polímero, mas inclui diversas formulações, compósitos (***composites***), copolímeros e aditivos.

A borracha é um produto natural e, como tal, em sua forma bruta (látex), está sujeita à ação de microrganismos. Quando a borracha é processada, para remover impurezas e melhorar sua qualidade de aplicação, são adicionados aditivos que também incrementam sua susceptibilidade à biodeterioração.

Entre as características físicas dos materiais poliméricos relacionadas à sua susceptibilidade à biodeterioração, é importante mencionar a hidrofobicidade, a textura superficial, a dureza e, também, a forma de apresentação para uso. Esses fatores são pouco valorizados e quase nunca avaliados experimentalmente de forma adequada, quando se analisa a resistência do material aos agentes ambientais e biológicos (1).

BORRACHAS

A borracha natural é constituída por unidades repetidas de isopreno, sujeitas à oxidação. Como resultado do processo abiótico de oxidação, as borrachas são mais susceptíveis à biodeterioração que o material original. Verificou-se que, em geral, as impurezas ou os aditivos são utilizados como nutrientes pelos microrganismos. Tanto a borracha natural como o isopreno polimérico sintético são susceptíveis à biodeterioração por fungos do gêneros *Penicillium*. Outras borrachas sintéticas, como a siliconada ou o neopreno, parecem ser altamente resistentes à degradação microbiana.

CELULOSE REGENERADA

As celuloses regeneradas, como o acetato de celulose e o nitrato de celulose, estão entre os primeiros plásticos utilizados comercialmente. Em geral, a substituição do grupo hidroxila por acetato ou nitrato confere maior resistência ao ataque biológico, quando comparado com as celuloses não-substituídas. Apesar de se poder estender essa afirmação aos éteres da celulose (carboximetil e hidroxietil-celulose), constatou-se que estes são susceptíveis à degradação microbiana quando empregados como espessantes de tintas. O raion e o celofane são outros derivados da celulose sensíveis à biodeterioração, especialmente aquela causada por fungos.

POLIÉSTERES

Esses compostos são obtidos da esterificação de um ácido orgânico com um poliálcool (geralmente um ácido dibásico com um álcool dihidroxilado). A susceptibilidade à biodeterioração depende do ácido utilizado, sendo mais resistentes os que derivam do ácido ftálico, toluenossulfônico, hidrocarbonetos aromáticos e policarbonatos. Geralmente o ataque microbiano se inicia na ligação éster do composto por meio de enzimas do tipo hidrolase.

POLIURETANOS

O termo genérico ***poliuretanos*** compreende uma grande variedade de materiais poliméricos, incluindo espumas flexíveis e rígidas, elastômeros, revestimentos superficiais e adesivos. Devido à excelente resposta à abrasão e à alta resistência à tensão, esses compostos encontram em várias aplicações, o que os expõe ao contato direto com microrganismos naturalmente presentes no solo, na água do mar e em esgotos domésticos. Os poliésteres dos ácidos capróico e adípico são sensíveis à biodeterioração. Os poliuretanos que contêm poliésteres são menos resistentes que aqueles que contêm poliéteres, devido à fragilidade das ligações esterificadas, que são hidrolisadas facilmente por enzimas (hidrolases) presentes em muitas espécies microbianas.

Howard et al. publicaram uma série de artigos referentes à biodeterioração de poliuretanos (21-25) por enzimas extracelulares presentes em diversas bactérias do gênero ***Pseudomonas***, que utilizam poliuretanos do tipo poliésteres como única fonte de carbono e energia.

POLIAMIDAS

As informações disponíveis estão limitadas a copolímeros da glicocola e ao ácido ξ-aminocapróico ou da serina com o mesmo ácido. Esses compostos foram sintetizados para facilitar-lhes biodegradabilidade, por sua natureza hidrofílica e solubilidade em água, em contraste com a poliglicocola e a policaprolactama (duas variedades de náilon), que são resistentes à biodeterioração, porém susceptíveis à pigmentação de origem fúngica.

A biodeterioração de materiais compósitos (***composites***), reforçados com fibra de vidro ou de carbono, foi relatada na referência (26). Os agentes biológicos responsáveis são fungos capazes de utilizar compostos lixiviados do material como fonte de carbono e energia. A degradação desses materiais por uma ampla variedade de bactérias (oxidantes do ferro e do enxofre, que causam a precipitação do cálcio, produtoras de amônia e de hidrogênio e BRS), em culturas descontínuas, também tem sido estudada (27). Em todos os casos, observou-se uma colonização preferencial nas irregularidades superficiais das fibras de reforço do material. As resinas epoxídicas e ésteres de vinila, assim como as fibras de carbono e os compostos do tipo epóxi, não foram afetadas pelas diversas espécies bacterianas estudadas. Pelo contrário, as BRS foram capazes de degradar o tensoativo orgânico da fibra de vidro e as bactérias produtoras de hidrogênio, promovendo ruptura entre as fibras de reforço e a resina de éster de vinila.

BIODETERIORAÇÃO DE COMBUSTÍVEIS, LUBRIFICANTES E EMULSÕES DE CORTE

Todos esses produtos derivam do petróleo e são susceptíveis de utilização, como fonte de carbono e energia, por uma grande variedade de microrganismos oxidantes. Atualmente, o interesse na capacidade de descontaminação ambiental, após vazamentos acidentais de petróleo, tem estimulado a procura de microrganismos capazes de biodegradar derivados de petróleo, por meio de biotecnologias de descontaminação (denominadas genericamente ***biorremediação***). Esse tratamento biológico de resíduos ou contaminantes tóxicos é indicado como o mais adequado quanto à tecnologia e potencialmente o mais econômico (28).

Os combustíveis e lubrificantes são produtos hidrofóbicos que podem ser atacados microbiologicamente sempre que quantidades mínimas de água estão presentes. Apenas 10 partes de água em 10^6 partes de combustível são suficientes para o crescimento microbiano. Além da presença de água, as temperaturas devem ser adequadas para possibilitar o desenvolvimento microbiano.

Dos combustíveis comumente utilizados em veículos terrestres, aviões ou navios, são mais facilmente biodeteriorados aqueles contendo cadeias lineares de hidrocarbonetos com 10 a 18 átomos de carbono (turbocombustíveis do tipo JP ou fração querosene), que podem ser usados como fonte de carbono e energia pelos microrganismos. As frações de 5 a 9 átomos de carbono (gasolinas de automóveis) não apresentam problemas significativos, e os hidrocarbonetos aromáticos são resistentes à biodegradação graças ao seu conteúdo fenólico.

COMBUSTÍVEIS

A biodeterioração de combustíveis pode seguir alguma das seguintes rotas (1):

- utilização dos hidrocarbonetos do combustível para produção de biomassa microbiana;

- utilização de aditivos do combustível com o mesmo fim;
- formação de produtos metabólicos (por exemplo, ácidos orgânicos) que criam condições de corrosividade no meio.

Durante as décadas de 30 e 60 do século XX, os problemas derivados da contaminação de gasolinas de aviação por microrganismos se manifestaram principalmente pela formação de depósitos e pela produção de hidrogênio sulfetado (devido ao metabolismo das BRS), que induzia a corrosão localizada de tanques, sistemas de injeção e tubulações de distribuição de combustível. Com o advento dos aviões a jato na década de 60, o uso massivo dos turbocombustíveis do tipo JP aumentou consideravelmente os problemas de biofouling e de biocorrosão, afetando tanto a aviação civil como a militar, o que incrementou os estudos sobre o tema (29-31).

A fração querosene, na presença de água e outros nutrientes (trazidos pela água que contaminou o combustível ou pelos aditivos do combustível), é facilmente utilizada como fonte de carbono por uma grande variedade de bactérias e fungos (Tab. 8-1). Esses microrganismos, que são capazes de utilizar diretamente as cadeias de hidrocarbonetos do combustível, produzem uma série de metabólitos (ácidos graxos, proteínas, álcoois), que podem ser usados como nutrientes por outros microrganismos incapazes de degradar diretamente os hidrocarbonetos.

A difusão do oxigênio até o fundo do tanque (onde se encontra a água de contaminação) é fácil através do combustível, e o crescimento microbiano ocorre na fase aquosa ou na interfase água/combustível exclusivamente. Há três vias principais para a contaminação com água do combustível no tanque integral de um avião:

- água em solução no combustível (aproximadamente 1 ppm de água por grau centígrado de temperatura sobre 0);
- água livre em forma de microgotas em suspensão;
- água de condensação.

TABELA 8-1

FUNGOS CAPAZES DE SE DESENVOLVER EM COMBUSTÍVEIS JP 1

Alternaria alternata	*Aureobasidium pullulans*	*Geotrichum candidum*
Aspergillus clavatus	*Cephalosporium* sp.	*Helminthosporium* sp.
Aspergillus fischeri	*Chaetomium globosum*	*Humicola grisea*
Aspergillus flavus	*Cladosporium herbarum*	*Phaecilomyces variotii*
Aspergillus fumigatus	*Hormoconis resinae*	*Trichodema* sp.
Aspergillus niger	*Hormoconis sphaerospermun*	*Ulocladium* sp.
Aspegillus ustus (grupo)	*Fusarium* spp.	

O terceiro tipo provém da umidade presente nos tanques do avião, que condensa durante a descida e sedimenta por gravidade no fundo dos sistemas de armazenamento. Apesar de os tanques e dutos serem submetidos a drenagens periódicas, o reabastecimento possibilita um novo fluxo de água e oxigênio, o que permite, de certa forma, um sistema de cultura contínuo (mantendo novos aportes de água e nutrientes e eliminando os dejetos e produtos de lise microbiana, durante as purgas dos tanques). A magnitude desse processo, repetido uma ou mais vezes por dia em aviões comerciais, pode ser mais facilmente compreendida quando se considera a quantidade de combustível que pode ser armazenada nos tanques de um jato de grande porte, por exemplo um Boing 747: da ordem de 150.000 L.

A temperatura do combustível nos tanques de um jato subsônico sofre grande variação: de –40°C (a 10.000 m de altitude) a +80°C (em terra, em países de clima tropical). Baixas temperaturas podem inibir temporariamente o crescimento de microrganismos sem causar sua morte (especialmente fungos, que possuem formas esporuladas capazes de resistir a condições ambientais adversas por muitas horas).

Sem dúvida, o ***Hormoconis resinae*** (anteriormente classificado como ***Cladosporium resinae***) encontra-se entre os fungos mais freqüentemente isolados em combustíveis JP, sendo o principal responsável pela biocorrosão do alumínio e suas ligas de uso aeronáutico (32-33).

O crescimento microbiano ocorre na fase aquosa ou na interfase água/combustível, sendo fácil de visualizar devido à presença de um filme marrom, que forma seu micélio fúngico. Esse filme pode ser arrastado através da tubulação até os sistemas de distribuição de combustível da aeronave, com resultados catastróficos:

- entupimento freqüente das tubulações;
- entupimento dos filtros;
- mal funcionamento dos instrumentos;
- corrosão localizada dos tanques, especialmente fundo, paredes e nervuras de reforço, onde o micélio fúngico adere tenazmente, criando zonas de acidificação sob ele.

O micélio é capaz de penetrar nos revestimentos protetores dos tanques (à base de poliuretano ou butadieno-acrilonitrila), desenvolvendo condições de aeração diferencial, o que agrava ainda mais o problema.

O fungo ***Hormoconis resinae*** tem seu crescimento limitado pelo nível de nitrogênio e de fósforo presentes. Entretanto esse microrganismo consegue metabolizar nitratos como fonte de nitrogênio, diminuindo a concentração desse íon no meio, reduzindo com isso o nível de proteção do metal, pois os nitratos são inibidores da corrosão no alumínio e suas ligas (34). Mais informações sobre outros mecanismos de biocorrosão desses metais por contaminantes de turbocombustíveis podem ser encontradas no Cap. 6.

Outros combustíveis de composição química similar ao JP — portanto susceptíveis a biodegradação por microrganismos (com o risco de biocorrosão e biofouling dos tanques de armazenamento e sistemas de distribuição) — são os denominados ***combustíveis diesonavais***. Nos navios, o procedimento de balastro, que desloca o combustível com água de mar, expõe o combustível a contaminação microbiana, especialmente pela microbiota presente na água do mar, trazendo mais matéria orgânica e nutrientes do meio oceânico. Muitos são os prejuízos causados pela contaminação microbiana do combustível diesonaval; entre os mais relevantes podemos citar (35):

- aumento de resíduos de origem microbiana, causando falhas no sistema de admissão dos motores, por entupimento de filtros ou da tubulação, com a conseqüente perda de autonomia da embarcação;
- corrosão de tanques e tubulações de distribuição do navio;
- perda da qualidade do combustível.

O controle da contaminação microbiana em combustíveis do tipo querosene é muito difícil dada a dificuldade de se impedir o acesso de mínimas quantidades de água no combustível, bem como dos microrganismos, geralmente presentes no ambiente. O uso de compostos orgânicos de boro ou de etilenoglicol monometiléter (também usado como anticongelante), complementado com rígidas condições de limpeza entre as operações relacionadas ao armazenamento, distribuição e carga do combustível, constitui a principal estratégia em vigência.

LUBRIFICANTES

Óleos lubrificantes minerais são compostos por uma variedade de alcanos e naftalenos, acompanhados por uma menor quantidade de compostos aromáticos; já os lubrificantes sintéticos consistem em metil-siliconas e ésteres. A esses componentes se agregam aditivos para melhorar a eficiência, prevenir a corrosão e reduzir a oxidação (detergentes, dispersantes, neutralizadores de acidez e inibidores de corrosão); os aditivos chegam a representar 20% da formulação total do lubrificante. Os problemas de biodeterioração associados aos lubrificantes geralmente estão relacionados a dois tipos de produto:

- lubrificantes marítimos para motores a díesel;
- emulsões de corte usadas na usinagem de metais.

Lubrificantes marítimos

Os grandes motores a díesel comumente usam quantidades de lubrificantes que variam entre 20.000 a 60.000 L. Esses lubrificantes atuam também como refrigerantes dos motores e devem manter sua temperatura entre 35 e 60°C, mediante refrigeração com água do mar. Esta aparece normalmente em pequenas proporções (0,2%) nos sistemas de lubrificação e constitui uma fonte em potencial de contaminação microbiológica. Qualquer falha por corrosão localizada (pites) nas camisas do motor pode contaminar o lubrificante com quantidades significativas de água do mar (1 a 10%), criando condições muito favoráveis para a contaminação do sistema.

Os seguintes sintomas podem ser sinônimo de contaminação microbiana (geralmente por bactérias Gram-negativas e fungos):

- emulsificação do óleo;
- redução do pH;
- corrosão e produtos de corrosão no sistema purificador;
- ataque aos rolamentos pela presença de ácidos;
- acúmulo de depósitos (*slime*) ou entupimento freqüente dos filtros.

Emulsões de corte

As emulsões de corte (em inglês, ***cutting oil emulsions***) são utilizadas em corte na usinagem, polimento e laminação de metais. Geralmente são constituídas por emulsões de óleo em água, severamente contaminadas por microrganismos (fungos e bactérias), alguns dos quais encontram-se relacionados na Tab. 8-2. Sua função não é apenas lubrificar, mas também refrigerar a área do metal que está sendo trabalhada.

TABELA 8-2

BACTÉRIAS E FUNGOS ISOLADOS DE EMULSÕES DE CORTE (1)

Bactérias		Fungos
Achromobacter spp.	*Klebsiella pneumoniae*	*Geotrichum candidum*
Aerobacter cloacae	*Micrococcus citreus*	*Aspergillus* spp.
Alcaligenes sp.	*Proteus vulgaris*	*Penicillium* spp.
Bacillus cereus	*Pseudomonas aeruginosa*	*Torulopsis candida*
Desulfovibrio desulfuricans	*Pseudomonas oleovorans*	*Botrytis* sp.
Enterobacter cloacae	*Serratia liquefaciens*	
Escherichia coli	*Streptococcus pneumoniae*	
Klebsiella aerogenes		

Como estabelece claramente Rossmoore (36), nenhum outro setor industrial oferece um risco tão elevado de corrosão como o da usinagem de alta variedade de metais, em que superfícies recém-processadas são expostas a vários lubrificantes, umectantes e inibidores de corrosão (em geral, facilmente biodegradados) e à freqüente contaminação microbiana desses sistemas.

Segundo Allsopp e Seal (1) podem-se distinguir quatro tipos fundamentais de emulsão de corte:

1) óleos que abrangem desde os óleos minerais puros até misturas de óleos com aditivos, para lubrificar o contato entre metais a altas pressões; são os que menos apresentam problemas microbianos por não conterem água em sua formulação;
2) misturas de compostos sintéticos resistentes à biodegradação bacteriana;
3) emulsões de óleos solúveis;
4) emulsões de corte semi-sintéticas.

Os fluidos de corte do tipo 4 contêm de 10 a 45% de óleo mineral para reforçar o poder lubrificante. Em geral, os fluidos tipo 3 e 4 apresentam grande potencial para o crescimento microbiano, em função da diversidade de aditivos biodegradáveis e nutrientes em sua formulação.

Os resultados mais visíveis da contaminação microbiana são:

- quebra da emulsão (separação das fases óleo e água);
- redução do pH devido à produção metabólica de ácidos orgânicos;
- aumento da corrosividade pela presença de ácidos e hidrogênio sulfetado (quando as BRS estão presentes).

Para prevenir a contaminação desses fluidos, é conveniente implantar um controle microbiológico, simples mas confiável, como o uso de *dip slides* (ver Cap. 9) para bactérias, bolores e leveduras. Entre os sintomas da contaminação, podemos citar o denominado "cheiro de manhã de segunda-feira" (devido à produção de hidrogênio sulfetado pelas BRS durante a interrupção da produção nos finais de semana) e a quebra da emulsão com a subseqüente separação das fases e do poder lubrificante. Se a contaminação for comprovada com a utilização dos *dip slides*, deve-se realizar uma contagem das bactérias aeróbias totais, verificar a presença de BRS, determinar eventuais reduções do pH e detectar alterações no diâmetro das gotículas de óleo.

BIBLIOGRAFIA

(1) Allsopp, D., Seal, K. J., "Introduction", em: *Introduction to Biodeterioration*, p.1, Edward Arnold Publishers, London, (1986).

(2) Saiz-Jiménez, C., *Intern. Mat. Res. Congr.*, Symp.16, Book of Abstracts, Cancun, Q. Roo, Mexico (2000).

(3) Lewis, F. J., May, E., Bravery, A. F., "Metabolic Activities of Bacteria Isolated from Building Stone and their Relationship to Stone Decay", em: *Biodeterioration* 7, D. R. Houghton, R.N. Smith, H. O. W. Eggins (eds.), p.107, Elsevier Science, London (1988).

(4) Koestler, R. J., Santoro, E. D., Druzik, J., Preusser, F., Koepp, L., Derrik, M., "Status Report: Ongoing studies of the susceptibility of stone consolidants to microbiologically induced deterioration", em: *Biodeterioration* 7, D. R. Houghton, R. N. Smith, H. O. W. Eggins (eds.), p. 441, Elsevier Science, London, (1988).

(5) Monte, M., *Int. Biodet.* **28**,151, (1991).

(6) Saiz-Jiménez, C., *Intern. Biodet. Biodegr.* **40** , 227 (1997).

(7) Griffin, P. S., Indictor, N., Koestler, R. J., *Intern. Biodet. Biodegr.* **28**, 187, (1991).

(8) Gaylarde, C. C., Morton, L. H. G., *Biofouling* **14**, 59, (1999).

(9) Videla, H. A., "Biodeterioration of the Ibero American Cultural Heritage. A Problem to be Solved", em: *Proc. 3rd LATINCORR*, Paper No. S11-02 (CD Rom), Cancun, Q. Roo, Mexico, (1998).

(10) Krumbein,W. E., "Microbial interactions with mineral materials", em: *Biodeterioration* 7, D. R. Houghon, R. N. Smith, H. O. W. Eggins (eds.), p.78, Elsevier Science, London, (1988).

(11) Duff, R. B., Webley, D. M., Scott, R. O., *Soil Sci.* **95**, 105, (1963).

(12) Jones, D., Wilson, M. J., *Inter. Biodet. Biodegr.* **21**, 99, (1985).

(13) Del Monte, M., Sabbioni, C., *Studies Conserv.* **32**, 114, (1987).

(14) Warscheid, T., Oelting, M., Krumbein, W. E., *Intern. Biodet.* **28**, 37, (1991).

(15) Garcia-Rowe, J., Saiz-Jiménez, C., *Intern. Biodet.* **28**, 151 (1991).

(16) García de Miguel, J. M., Sánchez Castillo, L., Ortega Calvo, J. J., Gil, J.A., Saiz-Jiménez, C., *Buildg. Envirom.* **30**, 591 (1995).

(17) Warscheid, T., Krumbein, W. E., "General Aspects and Selected Cases", em: *Microbially Influenced Corrosion of Materials*, E. Heitz, H. C. Flemming, W. Sand (eds.), p. 273, Springer Verlag, Berlin, (1996).

(18) Guiamet, P. S., Gómez de Saravia, S. G., Videla, H. A., "Biodeteriorating Microorganisms of two Archeological Buildings at the Site of Uxmal, Mexico", em: *Proc. 3rd LATINCORR*, Paper No. S11-01, (CD Rom), Cancun, Q. Roo, Mexico, (1998).

(19) Gaylarde, P., Gaylarde, C. C., "Phototrophic Biofilms on Monuments of Cultural Heritage in Latin America", em: *Proc. 3rd LATINCORR*, Paper No. S11-03, (CD Rom), Cancun, Q. Roo, Mexico, (1998).

(20) Hernandez Duque, G., Ortega Morales, O., Sand, W., Jozsa, P., Crassous, P., Guezennec, J., "Microbial Deterioration of Mayan Stone Buildings at Uxmal, Yucatan, Mexico", em: *Proc. 3rd LATINCORR*, Paper No. S11-04, (CD Rom), Cancun, Q. Roo, Mexico, (1998).

(21) Howard, G. T., Blake, R. C., *Intern. Biodet. Biodegr.* **42**, 213, (1998).

(22) Howard, G. T., Ruiz, C., Hilliard, N.P., *Intern. Biodet. Biodegr.* **43**, 7, (1999).

(23) Howard, G. T., Hilliard, N. P., *Intern. Biodet. Biodegr.* **43**, 23, (1999).

(24) Ruiz, C., Main, T., Hilliard, N. P., Howard, G. T., *Intern. Biodet. Biodegr.* **43**, 43, (1999).

(25) Vega, R. E., Main, T., Howard, G. T., *Intern. Biodet. Biodegr.* **43**, 49, (1999).

(26) Ji-Dong Gu, Ford, T., Thorp, K., Mitchell, R., *Intern. Biodet. Biodegr.* **37**, 197, (1996).

(27) Wagner, P. A., Little, B. J., Hart, K. R., Ray, R. L., *Intern. Biodet. Biodegr.* **38**, 125, (1996).

(28) Ferrari, M. D., "Preservação do Meio Ambiente: Biodegradação e Biorremediação", em: *Manual Prático de Biocorrosão e Biofouling para a Indústria*, M. D. Ferrari, M. F. L. de Mele, H. A. Videla (eds.), p. 73, CYTED, Madrid, (1997).

(29) Iverson, W. P., *Electrohem. Technol.* **5**, 77, (1967).

(30) Parbery, D. G., *Mater. Organismen* **3**, 161, (1971).

(31) Genner, C., Hill, E. C., "Fuels and Oils", em: *Microbial Biodeteration,* A. H. Rose (ed.), p. 260, Academic Press, (1981).

(32) Videla, H. A., "The action of *Cladosporium resinae* growth on the electrochemical behavior of aluminum", em: *Biologically Induced Corrosion*, S.C. Dexter (ed.), p. 215 NACE-8, Houston, TX, (1986).

(33) Videla, H. A., Guiamet, P. S., Dovalle, S. M., Reinoso, E. H., "Effects of fungal and bacterial contaminants of kerosene fuels on the corrosion of storage and distribution systems", *Corrosion/ 88*, paper No. 91, NACE International, Houston, TX, (1998).

(34) Salvarezza, R. C., de Mele, M. F. L., Videla, H. A., *Corrosion* **39**, 25, (1983).

(35) Neihoff, R. A., May, M., *Intern. Biodet. Bull.* **19**, 59, (1983).

(36) Rossmoore, H. W., Rossmoore, L. A., "MIC in Metalworking Processes and Hydraulic Systems", em: *A Practical Manual on Microbiologically Influenced Corrosion*, G. Kobrin (ed.), p. 31, NACE International, Houston, TX, (1993).

CAPÍTULO 9

DETECÇÃO E MONITORAMENTO DA BIOCORROSÃO

CONSIDERAÇÕES GERAIS

O que diferencia corrosão abiótica e biocorrosão é sem dúvida a presença de microrganismos. Ambos os processos são de natureza eletroquímica e, portanto, a primeira ação para se determinar a origem da corrosão (biótica ou abiótica) é certificar-se da presença de microrganismos ou de seus metabólitos no local de ataque ao metal.

As BRS são, talvez, os microrganismos mais comumente associados a problemas de biocorrosão e biofouling em sistemas industriais. Na análise que se segue estão resumidas as etapas que devem ser observadas diante de um problema de biocorrosão e biofouling supostamente devido a BRS, em uma instalação industrial.

i) Determinar se as condições ambientais são adequadas para microrganismos:

- temperatura apropriada, entre 20 e 50°C (considerada com cuidado, uma vez que, em linhas de injeção de água para recuperação secundária de petróleo, as espécies termófilas de BRS são freqüentes);
- valores de pH entre 4,5 e 9,0;
- presença de carbono, nitrogênio, fósforo e outros nutrientes essenciais;
- níveis de íons específicos necessários para o crescimento e metabolismo microbianos (por exemplo, o nível de sulfatos é importante no caso de suspeita da presença de BRS);
- existência de regiões com menor velocidade de fluxo, onde há maior possibilidade de formação de depósitos e áreas anaeróbicas.

ii) Selecionar o local onde efetuar a detecção da presença de microrganismos:

- em depósitos de biofouling;
- sob os depósitos de diversas naturezas (inclusive inorgânicos);
- em áreas de corrosão localizada (pites por exemplo);
- sob formações de tubérculos.

iii) Certificar-se da origem biológica do ataque corrosivo:

- corroborar a presença de microrganismos viáveis na fase aquosa e principalmente nos depósitos, verificando a correlação entre ambos os dados;
- isolar e identificar as espécies microbianas presentes em ambas as fases com especial ênfase nos componentes do biofilme;
- verificar as características do ataque (na maioria dos casos, a biocorrosão se manifesta como pites) e se o ataque é realmente possível, de acordo com a composição físico-química do meio vizinho e as condições operacionais do sistema.

Para o tratamento do problema, alguns procedimentos devem ser adotados:

- limpeza do sistema;
- controle e manutenção de baixos níveis de células planctônicas, e sobretudo sésseis (um sistema deve ser invariavelmente tratado quando o nível de microrganismos sésseis supera o número de 10^3 células/cm^2);
- controle e manutenção de baixos níveis de sólidos em suspensão;
- controle da formação de biofilmes.

Entre as armas para o combate à biocorrosão e ao biofouling, podemos citar o uso de:

- biocidas oxidantes (cloro, ozônio, bromo), com especial atenção para as regulamentações vigentes quanto aos valores residuais na descarga;
- biocidas solúveis em água, di-alquil-di-tiocarbamatos (muito eficientes na prevenção e úteis em operações de limpeza se acompanhados de dispersantes); compostos quaternários de amônio (com ação tensoativa segundo a cadeia alquídica);
- biocidas insolúveis em água (metileno-bistiocianato, sem efetividade para pH maiores de 7,5) e biodispersantes;
- biocidas seletivos contra biofilmes (glutaraldeído, apropriado para a indústria de petróleo, porém menos adequado para sistemas de resfriamento; as isotiazolinas mostram-se efetivas, porém são desativadas pelos grupos sulfidrilo e amino).

IMPORTÂNCIA DE UM ADEQUADO ACOMPANHAMENTO PARA PREVENÇÃO E CONTROLE

O acompanhamento ou monitoramento deverá ser realizado pelo uso de dispositivos incorporados ao sistema em campo ou em planta que permitam a avaliação apropriada da população microbiana planctônica e séssil presente. A quantificação desta última é primordial para se estabelecer um tratamento biocida eficiente do circuito. Diversos tipos de dispositivo foram desenvolvidos nos últimos anos para implementação tanto em campo como em laboratório.

O uso de adequadas técnicas de amostragem e acompanhamento, complementadas por metodologias microbiológicas e eletroquímicas é necessário para entender os efeitos resultantes da atividade microbiana e o papel dos biofilmes no processo de corrosão e, depois, implementar medidas de prevenção adequadas. Deve-se enfatizar que essa avaliação tem de ser realizada para cada sistema em particular, considerando tanto sua história como as condições operacionais atuais, a composição físico-química da água utilizada e a concentração e identidade dos contaminantes microbianos do sistema.

DETECÇÃO E QUANTIFICAÇÃO DE MICRORGANISMOS

Uma das formas de se identificar a biocorrosão é pela inspeção macroscópica do metal afetado. Várias modificações da superfície do metal podem ser atribuídas à presença de microrganismos, tais como:

- depósitos característicos, moles e/ou mucilaginosos;
- tubérculos ou excrescências no metal, que freqüentemente contêm bactérias vivas;
- pequenas cavidades e/ou perfurações na superfície do metal, geralmente distribuídas irregularmente (*pitting*);
- estrias brilhantes, visíveis depois da remoção de depósitos.

O aspecto dos depósitos também pode auxiliar na procura dos microrganismos envolvidos:

- fibroso — fungos filamentosos;
- negro — bactérias sulfato-redutoras (BSR);
- laranja ou castanho — bactérias oxidantes de ferro (por exemplo, *Gallionella*);
- amarelo — bactérias oxidantes de enxofre (por exemplo, *Thiobacillus*);
- marrom ou cinza com aspecto viscoso — bactérias formadoras de limo.

Entretanto nem sempre essas observações são indicativas de origem biológica da corrosão, sendo indispensável uma análise microbiológica para corroborá-las.

ANÁLISE MICROBIÓLOGICA

É necessário identificar e enumerar os microrganismos causadores da corrosão. As contagens de bactérias aeróbicas totais (do total de bactérias aeróbicas), fungos e bactérias anaeróbicas podem indicar níveis importantes de organismos agressivos.

Os organismos presentes na fase aquosa (*planctônicos*) são capazes de induzir corrosão por produção de metabólitos corrosivos ou pelo consumo de inibidores da corrosão. Uma forma freqüente de corrosão dos metais atacados por microrganismos planctônicos é a corrosão generalizada, que se produz por ação química (exemplo, bactérias oxidantes de enxofre, pela produção de ácido sulfúrico).

Os organismos aderidos à superfície (sésseis) produzem geralmente corrosão localizada, que é a mais severa.

A detecção dos organismos deveria ser feita por amostragem dos depósitos ou da fase aquosa (Tab.9-1).

TABELA 9-1

PROCEDIMENTOS APÓS RETIRADA DE AMOSTRA

<table>
<tr><th colspan="3">Material líquido</th><th colspan="4">Material sólido</th></tr>
<tr><th colspan="3">Remoção do biofilme</th><th colspan="4">Microscopia</th></tr>
<tr><td colspan="3">Quantificação das células</td><td rowspan="2">Óptica</td><td rowspan="2">Epifluorescência</td><td rowspan="2">Força atômica</td><td rowspan="2">Eletrônica de varredura</td></tr>
<tr><td>Totais</td><td>Vivas</td><td>Ativas</td></tr>
</table>

A análise química dos depósitos pode dar indicações sobre o tipo de organismo envolvido, por exemplo:

- compostos de enxofre reduzido — BRS;
- compostos de enxofre oxidado — bactérias oxidantes de enxofre;
- óxidos ou hidróxidos de ferro — bactérias oxidantes de ferro.

A análise microbiológica propriamente dita consta de duas partes: avaliação de microrganismos gerais e avaliação de organismos específicos.

Existem basicamente três métodos de detecção e contagem, que captam, respectivamente:

Células totais (vivas e mortas). Inclui métodos ópticos (microscopia) e imunológicos (detecção de componentes imunoespecíficos).

Células vivas (capazes de reproduzir-se). Inclui todos os métodos microbiológicos tradicionais de crescimento em meios gerais ou seletivos.

Células ativas (com atividade metabólica). Capta a atividade de uma enzima específica (por exemplo, hidrogenase), a atividade metabólica (por exemplo, ATP) ou a produção de um determinado metabólito (por exemplo, sulfetos).

MÉTODOS MICROSCÓPICOS DE DETECÇÃO

A *microscopia óptica* é adequada para a detecção de cianobactérias (microalgas), fungos e em amostras límpidas, bactérias. A observação direta, mesmo oferecendo uma informação limitada quanto à identidade dos microrganismos, é útil como indicação rápida do grau de contaminação do sistema. Às vezes, quando se processam amostras líquidas, torna-se necessário concentrar a amostra por meio de membranas semipermeáveis (0,22 ou 0,45 µm de diâmetro de poro). A alternativa de se usar microscopia de contraste de fase ou algum outro método de coloração pode ser útil para facilitar a visualização dos microrganismos (por exemplo, índigo para a coloração de hifas fúngicas).

A *microscopia de epifluorescência*, utilizando corantes como o laranja-de-acridina, permite quantificar o número de células totais (vivas e mortas) presentes em uma amostra; consegue-se assim duplicar os números de microrganismos obtidos pelas culturas. Podem-se usar, também, corantes para células viáveis (por exemplo, diacetato de fluoresceína) combinados com microscopia de imunofluorescência (1, 2).

A *microscopia eletrônica de varredura* (MEV) é empregada para caracterizar microrganismos sésseis em biofilmes ou depósitos de biofouling associados a processos de corrosão (3). Uma das desvantagens dessa técnica é a necessidade de prévia preparação das amostras para a câmara de alto vácuo do microscópio, que exige fixação, desidratação e, finalmente, metalização a vácuo (*sputtering*) para dar estabilidade e condutividade às amostras biológicas. Todos esses procedimentos, entretanto, introduzem deformações artificiais nas amostras de microrganismos e do (MPE), denominados genericamente de "artefatos" (*artifacts*). Um outro inconveniente é o alto custo dos equipamentos e a exigência de pessoal técnico especializado, para sua utilização.

Utiliza-se com êxito a *microscopia eletrônica de varredura de elétrons ambiental* (MEVA) em estudos de biocorrosão, que oferece a vantagem de empregar amostras biológicas com grau de hidratação natural, sem a necessidade de metalização em alto vácuo (4). Foram também incorporadas técnicas microscópicas avançadas com alto grau de resolução, como a *microscopia confocal de raios laser* (MCL) (5) e a *microscopia de força atômica* (MFA) (6), porém seu uso está restrito à área da pesquisa.

MÉTODOS MICROBIOLÓGICOS

A descrição detalhada dos métodos microbiológicos gerais e específicos de cultura de microrganismos associados a processos de corrosão foge ao contexto deste livro, havendo diversas referências bibliográficas dedicadas especificamente ao tema (7-9). Os meios de cultura mais comuns empregados no isolamento de fungos e bactérias relacionadas a problemas de biocorrosão encontram-se resumidos na Tab. 9-2.

TABELA 9-2
MEIOS DE CULTURA GERALMENTE USADOS NO ISOLAMENTO DE BACTÉRIAS E FUNGOS ASSOCIADOS AO PROCESSO DE BIOCORROSÃO [SEGUNDO GAYLARDE, REF. (10)]

Microrganismo	Meio de cultura
Leveduras	Ágar, extrato de malte
Fungos filamentosos	Ágar, extrato de malte ou ágar batata/dextrose
Bactérias aeróbicas e anaeróbicas	Ágar nutritivo
Bactérias formadoras de lodo (por exemplo, Pseudomonas sp.)	Meios seletivos (por exemplo, ágar/cetrimida)
BRS: utilizando lactato (fonte de carbono)	Meio de Postgate B (líquido) (11) Meio de Postgate E (sólido)
BRS: sem utilizar lactato (fonte de carbono)	Meio de Widdell (12)

A utilização dos denominados *dip slides* ou *dip sticks* popularizou-se bastante para detecção e isolamento preliminar de bactérias, fungos e leveduras, em campo ou em planta, devido a seu baixo custo, fácil interpretação e uso que não requer pessoal especializado. Esses dispositivos consistem numa fita plástica (Fig. 9-1), recoberta por um filme de meio de cultura geral, para bactérias de um lado e para fungos e leveduras do outro, contida de forma estéril em um recipiente plástico, com rosca, até o momento de uso. Podem ser utilizados por imersão num líquido em repouso, expostos a fluxo de água ou colocados em contato com amostras sólidas. Após a amostragem, são incubados a uma temperatura adequada por períodos que variam entre 24 e 72 horas. Sua posterior observação permite uma idéia do tipo de microrganismo contaminante e do grau de contaminação, por comparação com escalas fornecidas pelos fabricantes (Fig. 9-2).

A presença de enzimas especiais em determinados grupos de bactérias permitiu a elaboração de equipamentos ou "testes" (*kits*) que facilitam a rápida detecção dos microrganismos. Assim, para as BRS, o teste da hidrogenase baseia-se na detecção da atividade hidrogenásica, enzima que participa do metabolismo do hidrogênio de um número significativo de bactérias (*Desulfovibrio*, *Desulfotomaculum*, *Clostridium*, etc.) envolvidas nos processos de corrosão. Essa enzima, que catalisa a redução $H_2 \rightarrow 2H^+ + 2e$, pode oxidar o hidrogênio proveniente da reação catódica e detectado por meio de um indicador redox.

A utilização do sulfato pelas BRS requer a presença de uma enzima capaz de reduzir o sulfato a sulfito, uma redutase do fosfossulfato de adenosina. Essa enzima, presente em todas as BRS, pode ser detectada por métodos imunológicos como o teste comercial denominado Rapidcheck. A reação da enzima é evidenciada pela mudança da cor de um indicador específico. Esses testes estão resumidos na Tab. 9-3.

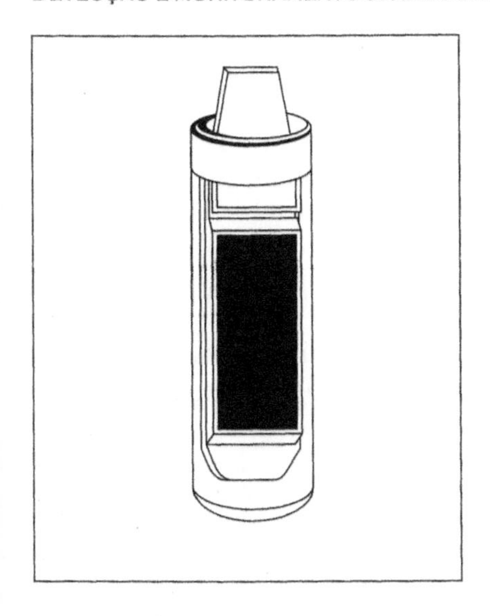

Figura 9-1 *Dip slide* e seu receptáculo. [Ref. (8), com permissão de CRC Lewis Publishers.]

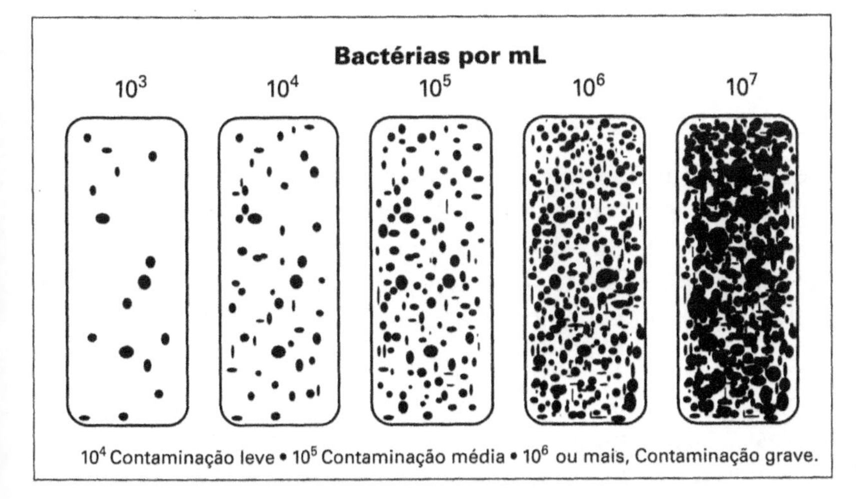

Figura 9-2 Escala de quantificação de bactérias com o uso de *dip slides*. [Ref. (8), com permissão de CRC Lewis Publishers.]

TABELA 9-3
TESTES COMERCIAIS PARA DETECÇÃO DE BRS EM CAMPO

Nome do teste	Fundamento	Fabricante
Sanichek	Crescimento e produção de H_2S em meio sólido	Biosan Laboratories Inc., Warren, MI, EUA
Rapidcheck	ELISA, para detecção da enzima APS	Strategic Diagnostics Inc., Newark, DE, EUA
Hydrogenase	Detecção da enzima hidrogenase por reação colorimétrica	Caproco International Inc., Conroe, TX, EUA
BTI-SRB	Crescimento e produção de sulfetos	Bioindustrial Technologies Inc., Georgetown, TX, EUA

Vários grupos microbianos estão relacionados aos processos de corrosão. Entre eles, podemos citar os seguintes:

Bactérias oxidantes do ferro e do enxofre. Os métodos utilizados para sua detecção e crescimento, em meios específicos sólidos ou líquidos, podem ser consultados na referência (11).

Bactérias anaeróbicas redutoras de sulfato (BRS). Na referência (12) encontra-se um método normalizado de detecção e crescimento em meio de Postgate (13,14), que emprega uma técnica de diluição a extinção e o número mais provável (NMP). Além deste, existem vários testes comerciais (15), resumidos na Tab. 9-3.

Fungo Hormoconis resinae. O método de detecção inclui microscopia óptica e o crescimento em meio líquido de Bushnell-Haas (16), com agregação de hidrocarbonetos.

MÉTODOS DE AMOSTRAGEM

AMOSTRAGEM DE MICRORGANISMOS PLANCTÔNICOS

A flutuação natural e a distribuição irregular dos microrganismos em meios líquidos dificulta a correta avaliação de seu número. Devem-se tomar várias amostras de cada local de amostragem e misturá-las para obter uma amostra representativa. Quando se requer um acompanhamento do sistema, a freqüência da amostragem deve ser avaliada em função de homens-hora disponíveis e das mudanças que possam acontecer no sistema.

A escolha do recipiente para armazenar a amostra também é importante. Garrafas de vidro ou de plástico são comuns. Em cada caso, as populações planctônicas podem apresentar mudanças quantitativas e qualitativas enquanto a amostra está no recipiente. Isso pode ser causado pela morte seletiva de certos membros da população (que provê nutrientes para o crescimento de outros) e pela adsorção seletiva de alguns organismos às paredes do recipiente. A população muda qualitativa e quantitativamente quando as células aderem às paredes e o processo depende não apenas do tipo de recipiente, mas também do pH e da força iônica da amostra. O problema se reduz com a análise imediata, pois qualquer demora diminuirá a certeza dos resultados posteriormente obtidos.

Outros fatores que devem ser levados em conta são a presença de um espaço de ar dentro do recipiente (que deve ser evitado, quando se analisam organismos anaeróbicos) e a temperatura de transporte até o laboratório (importante somente no caso de intervalos superiores a 1 hora). A regra geral que se aplica nesse último caso é que as amostras estarão mais bem conservadas à temperatura em que foram extraídas. Desse modo, assegura-se que os organismos ativos em seu ambiente permaneçam viáveis.

Se possível, as amostras devem ser recolhidas em recipientes estéreis. Entretanto isso nem sempre é fácil, especialmente quando o ambiente microbiológico não faz parte do processo de amostragem. Várias medidas podem ser tomadas para reduzir ao mínimo a possibilidade de entrada de material estranho. Mesmo não sendo estéreis, os recipientes precisam estar limpos e as tampas só devem ser removidas quando a amostra estiver pronta para ser introduzida, quando o recipiente será fechado. É aconselhável lavar a garrafa várias vezes com o líquido que vai ser amostrado antes de se colocar a amostra. Esse procedimento deve ser seguido quando for necessária a utilização do mesmo dispositivo para mais de uma retirada de amostra. E convém, ainda, não tocar na entrada da garrafa e no lado interno da tampa.

As seguintes informações devem ser anotadas no recipiente e em caderno:

a) data, hora e local da amostragem;

b) temperatura da amostra;

c) pH;

d) resíduos de compostos provenientes de tratamentos prévios;

e) características descritivas (cor, turbidez, odor, presença de lama, depósitos).

Quando são esperadas concentrações muito baixas ou muito altas de microrganismos, torna-se necessário concentrar ou diluir a amostra para obter valores confiáveis. Se apenas se requer a detecção dos microrganismos, a diluição não será necessária, mas aconselha-se uma etapa de enriquecimento se os microrganismos de interesse se apresentam em quantidades muito reduzidas. Os métodos empregados para realizar a concentração consistem na centrifugação e na filtração. O mais acessível é a filtração, que se realiza com o uso de membranas semipermeáveis, de porosidade determinada, como foi indicado anteriormente.

Quando se requer a concentração de apenas uma parte específica da população microbiana, a filtração não é o procedimento indicado. Nesse caso, deve-se levar a cabo outra forma de enriquecimento, como o uso de um meio de cultura específica (como o ágar Cetrimide para *Pseudomonas*), a incubação com uma superfície sólida à qual algumas células aderem preferencialmente (um porta-amostras de vidro é útil para distinguir morfologicamente células como *Gallionella* ou *Sphaerotilus* ou *Leptothrix*) ou o aquecimento a 80°C (com a finalidade de selecionar bactérias que formam endoesporos, como as do gênero *Bacillus*).

Os métodos para diluir amostras de microrganismos são menos variados e consistem simplesmente em preparar diluições em vários líquidos estéreis, mas existem outras opções (Tab. 9-4).

TABELA 9-4
MÉTODOS DE DILUIÇÃO PARA TRATAMENTO DE AMOSTRAS [REF. (10)]

Solventes	Água destilada Solução fisiológica de cloreto de sódio Solução-tampão de pH adequado Água de mar artificial Meio nutritivo
Aditivos	Agente redox (por exemplo, ascorbato, para isolamento de bactérias anaeróbias) Agente tensoativo (por exemplo, Tween 20, para remover células de amostras particuladas)
Métodos de dispersão	Agitação manual Agitação elétrica (agitador tipo Vortex) Homogeneizador elétrico para amostras sólidas Ultra-som de baixa freqüência

AMOSTRAGEM DE MICRORGANISMOS SÉSSEIS

Se os biofilmes estão presentes sobre uma superfície metálica, torna-se extremamente importante tomar amostras de forma direta, já que a população microbiana será muito diferente daquela da fase planctônica. Se não for possível a amostragem do biofilme, então, por meio da relação entre bactérias sésseis/planctônicas, obtidas por simulações de laboratório, poderá ser calculado o número provável de microrganismos sésseis. Atualmente dispomos dos dispositivos de amostragem de biofilme, que podem ser colocados dentro do sistema industrial e retirados a determinados intervalos para exame das células sésseis. Exemplos desse tipo são a Bioprobe, da Petrolite, e a Biofilm Probe, da Caproco, que podem ser montadas diretamente no interior da tubulação em operação (em geral sob condições pressurizadas), ou os diversos dispositivos Robbins e Renaprobe, que se inserem no sistema em derivação ou *by pass* (Fig. 9-3). Uma vez enviadas as amostras ao laboratório, a detecção se dá por exame microscópico, por medidas da atividade microbiana ou por remoção do biofilme no interior de um meio em suspensão, seguida por técnicas de detecção de microrganismos planctônicos (Tab. 9-5).

Se o uso do dispositivo de detecção não for previamente programado, as amostras de biofilmes deverão ser removidas de seu local por métodos físicos de raspagem ou por ultra-som. Os melhores métodos são aqueles que causam a menor perturbação nos depósitos, o que assegura a detecção dos microrganismos anaeróbios. Uma preparação adicional consiste em realizar o transporte até o laboratório em um meio líquido adequado, preferencialmente o líquido ao redor do biofilme no sistema industrial. Se nenhum desses líquidos estiver presente, aconselha-se uma solução contendo um agente redutor (por exemplo, tioglicolato), para o isolamento das bactérias anaeróbias. No laboratório, raramente é necessário realizar um passo de concentração de microrganismos sésseis, já que se espera uma alta carga microbiana no biofilme, porém, é comum sua diluição.

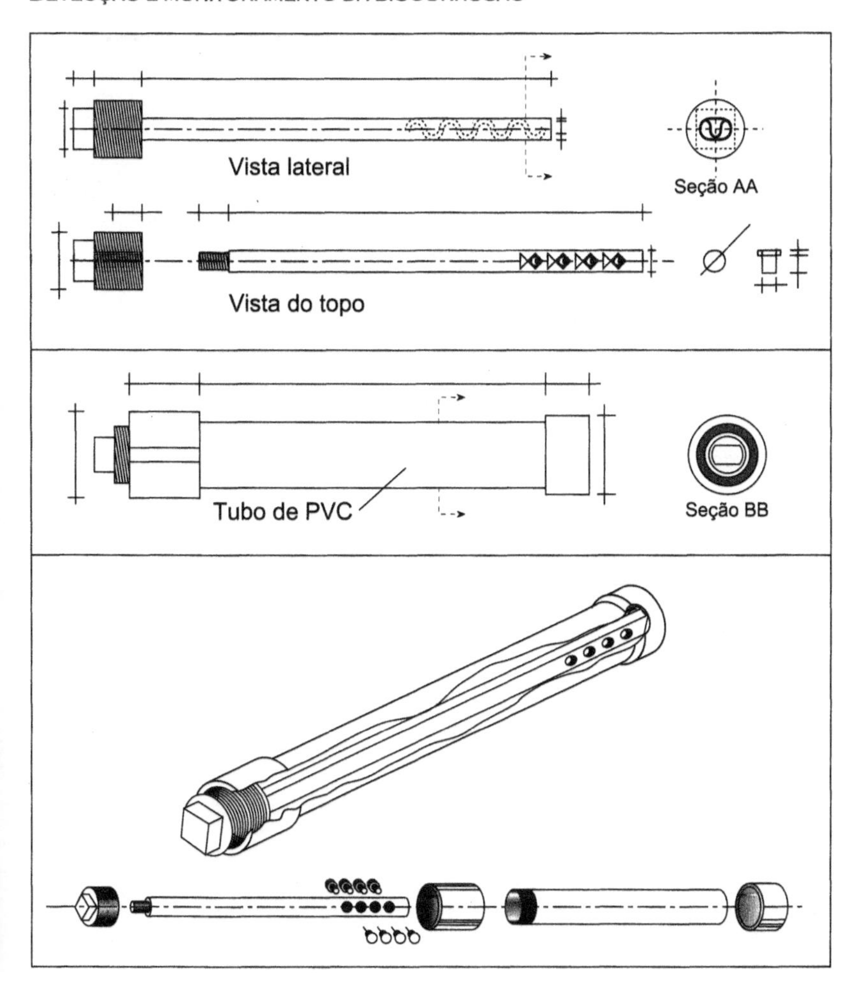

Figura 9-3 O dispositivo de amostragem Renaprobe.

TABELA 9-5
ENSAIOS PARA DETECÇÃO DE MICRORGANISMOS RELACIONADOS À CORROSÃO

Tipo de ensaio	Organismos detectados	Metodologia	Detecção anaeróbica	Uso em campo	Rapidez	Sensibilidade	Custo
Placas	Bactérias e fungos vivos	Crescimento em meios sólidos	+	–	–	–	M
Dip slides	Bactérias e fungos vivos	Crescimento em suporte sólido	–	+	–	–	M
NMP	Organismos vivos	Crescimento em meios líquidos	+	+	–	–	B
Quimio-luminescência	Organismos vivos	Avaliação de ATP	+	+	+	+	A
ELISA	Organismos específicos, vivos e mortos	Imunológico (moléculas superf.)	+	–	+	+	A
Imuno-fluorescência	Organismos específicos, vivos e mortos	Imunológico (moléculas superf.)	+	–	+	+	M/A
Hidrogenase	Org. ativos (hidrogenase positiva)	Atividade enzimática	+	+	+	–	A

B, baixo; M, médio; A, alto.
ATP = trifosfato de adenosina (composto de transferência de energia das células).
NMP = número mais provável.
Elisa = ensaio imunoenzimático (*enzyme linked immunoassay analysis*).

MONITORAMENTO DA BIOCORROSÃO E DO BIOFOULING

A formação de biofouling e de biocorrosão é um processo complexo em que geralmente intervêm várias espécies de microrganismos e de reações abióticas, que modificam de forma significativa a superfície metálica. Para se ter uma informação adequada do que ocorre na superfície, é necessário contar com dados microbiológicos, eletroquímicos e de análise superficial. Os programas de monitoramento deverão adequar-se às necessidades e possibilidades do sistema industrial afetado. Entretanto, em todos os casos, os métodos devem ser simples, confiáveis e capazes de prover uma indicação do início da formação dos depósitos biológicos. Dessa forma, será possível melhorar o controle da biocorrosão e do biofouling, eliminando tratamentos onerosos e com possíveis efeitos sobre o meio ambiente.

Os programas de monitoramento da biocorrosão e do biofouling aumentaram em complexidade nos últimos anos do século XX. Em fins dos anos 80, mesmo em sistemas particularmente susceptíveis à corrosão microbiológica, somente se controlava a corrosão inorgânica, a formação de incrustações e, em alguns casos, a concentração de bactérias planctônicas. Entretanto tais controles são incapazes de detectar, por si só, os efeitos prejudiciais da formação do biofouling e da biocorrosão (17).

CONDIÇÕES IDEAIS DE UM SISTEMA DE MONITORAMENTO

Um sistema de monitoramento deve ser:

- simples (de usar e de instalar);
- de fácil interpretação;
- compatível (com a estrutura onde será instalado);
- preciso;
- econômico (de baixo custo de instalação, manutenção e reparo);
- sensível.

INFORMAÇÃO DO SISTEMA A SER MONITORADO

Para uma correta avaliação do sistema, quanto à sua susceptibilidade à biocorrosão e ao biofouling, é importante conhecer a composição química e a análise microbiológica da água, temperatura, gases dissolvidos e sólidos em suspensão. A coleta da amostras deve ser anterior a qualquer tratamento de limpeza, que poderá remover produtos de corrosão e MPE.

É particularmente importante conhecer o tipo de depósito a monitorar (de sedimentação, de precipitação, biofilmes), a presença de sulfeto de hidrogênio, de lodo, de depósitos, as condições hidrodinâmicas, a presença de biocidas, de inibidores, etc.

CARACTERÍSTICAS DO SISTEMA DE MONITORAMENTO

O metal empregado como coletor das amostras, nos dispositivos de monitoramento, deve ser semelhante ao do sistema em estudo, não somente em sua composição, mas também na sua história prévia (tratamentos metalúrgicos, que definem seu estado microestrutural, tratamentos químicos e mecânicos, que definem seu estado superficial, etc.). Sem isso, tanto o biofouling como a biocorrosão sob o material em análise podem não representar o sistema que se está monitorando.

Quando o material forma produtos de corrosão abundantes (aço carbono, ligas de cobre-níquel), é difícil fazer uma análise detalhada da composição do biofouling e do material biológico, que se misturam com os produtos da corrosão. Por esse motivo, expõem-se à água materiais resistentes à corrosão, como o aço inoxidável ou o titânio, como superfície de controle.

TIPOS DE MONITORAMENTO DE BIOFOULING E DE BIOCORROSÃO

Existem sistemas de monitoramento que avaliam exclusivamente o biofouling (microfouling ou macrofouling) ou a corrosão. Entretanto a tendência atual é empregar programas mistos de acompanhamento, que contam com a informação de sensores de um e de outro tipo.

De acordo com o local onde se realiza o monitoramento, os dispositivos de amostragem podem dividir-se em três categorias:

- dispositivos que se ajustam diretamente à tubulação (*in situ*);
- dispositivos em derivação (*side-stream*);
- dispositivos utilizados fora do sistema a ser monitorado, geralmente no laboratório (*ex-situ*).

MONITORAMENTO *IN SITU*

Trata-se de um monitoramento difícil e às vezes pouco eficaz quando esse é o único método de avaliação; o mesmo se pode dizer da análise das falhas produzidas por esses processos. Entre as causas que contribuem para isso, podemos citar o custo e o tempo envolvido na reunião de amostras representativas de água, depósitos e materiais *in-situ*. Além disso, geralmente há poucos locais adequados para uma inspeção ou retirada freqüente de amostras. Entretanto, nesse tipo de dispositivo, pode-se contar com os dados necessários para ajustar os programas de controle do biofouling e da biocorrosão, que se baseiam geralmente na informação reunida *ex-situ* ou em derivação.

MONITORAMENTOS *SIDE-STREAM* E *EX-SITU*

Os equipamentos em derivação (*side-stream*) recebem continuamente uma porção da corrente principal de água do processo. Já os dispositivos *ex-situ*, pelo contrário, operam geralmente com soluções artificiais inoculadas com microrganismos. Tanto uns como outros devem ser capazes de simular qualitativamente os processos de fouling do equipamento em operação. Devem prover uma informação adequada da tendência ao fouling e à corrosão permitindo prevenir as causas de uma falha. Os dispositivos *ex-situ*, podem ser utilizados para estudar os possíveis efeitos da modificação de diferentes variáveis de operação, desenho, ambientais ou tratamentos com biocidas (18).

Exemplos interessantes de monitoramentos *ex-situ* e em derivação são os circuitos de refrigeração nas centrais elétricas, que somente podem ser inspecionados quando as máquinas não estão em serviço. Por esse motivo, desconhece-se o grau de desenvolvimento do biofouling nas tubulações dos condensadores durante grande parte do ano, não sendo possível, portanto, avaliar o grau de eficácia do tratamento anticorrosivo e antifouling.

Para prevenir a possível proliferação do biofouling e da corrosão, os operadores muitas vezes praticam uma sobredosagem dos biocidas e inibidores de corrosão para proteger o sistema. Isso tem levado à necessidade de se contar com métodos eficazes que permitam detectar o grau de desenvolvimento do biofouling e a resistência à corrosão do sistema em tempo real (19, 20), para avaliar a eficácia dos programas de controle. Um resumo das características dos três tipos de sistema de monitoramento é apresentado na Tab. 9-6.

TABELA 9-6

SISTEMAS DE MONITORAMENTO *IN-SITU*, EM DERIVAÇÃO E *EX-SITU*

	In-situ	**Em derivação (*side-stream*)**	***Ex-situ***
Localização	Ajusta-se diretamente ao sistema monitorado.	Une-se lateralmente ao sistema, recebendo deste uma porção de água.	Não se une ao sistema monitorado.
Amostragem	A freqüência depende das condições de operação.	Melhor acesso ao local de amostragem do que no *in-situ*.	Livre acesso ao local de amostragem.
Operação	Opera em condições reais.	Maior liberdade no manejo das variáveis do que no *in-situ*. Qualidade da água idêntica à do processo.	Utiliza água do processo ou simulações.

MONITORAMENTO DE DIFERENTES TIPOS DE FOULING

Selecionar um tipo de monitoramento implica determinar, entre outras coisas, qual tipo de biofouling se analisará (microfouling, macrofouling) e em que se baseará seu funcionamento (medidas diretas ou indiretas).

Existem atualmente vários dispositivos que permitem avaliar eficazmente o biofouling. A maioria se baseia em proporcionar uma superfície para a fixação dos organismos, simulando a porção do circuito que se deseja controlar. De acordo com o tipo de organismo que controlam, podem ser divididos em monitores para microfouling e monitores para macrofouling.

MONITORES PARA MICROFOULING

A fim de se determinar o efeito da presença de microfouling sobre o sistema é necessário conhecer:

- a quantidade de depósitos biológicos (medida direta); ou
- a influência do depósito sobre alguma propriedade do sistema, como transferência de calor, resistência ao fluxo, corrente necessária para manter um potencial (medidas indiretas).

Esses parâmetros refletem uma média do biofouling.

MONITORES PARA MACROFOULING

Consistem principalmente em substratos artificiais submersos, onde larvas dos microrganismos se fixam e se desenvolvem. Permitem determinar a abundância, a distribuição e os períodos de fixação dos macrorganismos. À semelhança do monitor de microfouling, é útil conhecer a influência do macrofouling sobre o sistema por meio da medida de alguma propriedade que pode ser afetada pela presença dos macrorganismos.

MEDIDAS INDIRETAS DO MICROFOULING

As medidas indiretas utilizam as correlações existentes entre certos parâmetros (coeficiente de condutividade térmica, fator de atrito, esforço de corte, corrente necessária para manter um potencial de polarização) e a espessura do biofilme.

Quando o biofilme se forma, a resistência ao atrito aumenta, e o fluxo de líquido se mantém constante, causando perda de pressão, o que, em uma tubulação, por exemplo, resultará em maior energia direcionada para ao bombeamento. Mas se, pelo contrário, a queda de pressão se mantém, o fluxo se reduz, podendo cair para até 42% da capacidade original.

Por comparação de medidas diretas e indiretas do biofouling pode-se concluir que, mesmo quando estas (indiretas) exibem boa sensibilidade e reproducibilidade, sua correlação com as medidas diretas nem sempre é boa.

As técnicas eletroquímicas demostraram ser de utilidade também no monitoramento da biocorrosão, porém não se pode esperar que, pela utilização de uma única técnica, se obtenha uma informação confiável daquilo que está ocorrendo no sistema em foco. Revisões sobre o uso e limitações das técnicas eletroquímicas para o estudo e avaliação da biocorrosão foram publicadas por Dexter *et al.* (21) e por Mansfeld & Little (22).

Em ambientes industriais, o controle da corrosão freqüentemente é realizado pela utilização de métodos tradicionais de perda de massa, resistência elétrica (corrosímetro) e resistência linear de polarização. Trata-se de métodos adequados para acompanhamento de casos de corrosão uniforme. Entretanto, geralmente, a biocorrosão surge geral na forma de pites ou de frestas.

Entre as técnicas eletroquímicas que não aplicam sinais de perturbação externa, as medidas do potencial de corrosão, potencial redox e ruído eletroquímico informam sobre a condição ativo-passiva do metal e sobre as características oxidantes ou redutoras do meio, sendo úteis como complemento de outras técnicas eletroquímicas (23).

ESTRATÉGIAS DE MONITORAMENTO DA BIOCORROSÃO EM SISTEMAS DE ÁGUAS INDUSTRIAIS

Foram publicadas diversas estratégias de monitoramento de biocorrosão e de biofouling em sistemas de resfriamento industrial (24) e em águas de injeção na indústria petrolífera (25, 26), baseadas no uso de um sistema de amostragem em derivação e em uma série de análises químicas, microbiológicas, eletroquímicas e de corrosão.

O sistema de amostragem empregado (Renaprobe) está ilustrado em seus detalhes na Fig. 9-3. Consiste num suporte de Teflon contendo oito cupons, distribuídos metade de cada lado. A extração pode ser feita simultaneamente ou em diferentes períodos de tempo para:

- contagem de bactérias sésseis;
- observações do biofilme por MEV;
- análise química de produtos de corrosão e biofilmes;
- observação do ataque corrosivo por MEV (uma vez removidos os depósitos);
- medidas eletroquímicas de corrosão no laboratório; essas medidas são complementadas com análises químicas da água do sistema, medidas de corrosão em campo (geralmente por meio de cupons de corrosão ou por resistência à polarização), por meio de potencial redox e outros dados analíticos.

Na Tab. 9-6, comparam-se as vantagens e desvantagens dos sistemas *in-situ*, em derivação e *ex-situ* com relação à instalação, retirada de amostras e condições de operação.

AVANÇOS NO MONITORAMENTO DA BIOCORROSÃO E DO BIOFOULING

Existem sistemas de monitoramento múltiplo que oferecem informações sobre a condutividade nas proximidades da interfase metal/solução, o potencial de corrosão, o valor de pH, a concentração de sulfetos e cloretos. Outros sistemas complexos incluem, também, informações sobre medidas de turbimetria, temperatura, concentração de biocida e velocidade de corrosão (27).

Várias foram as tentativas de acompanhamento da biocorrosão e do biofouling pela análise de um único parâmetro, porém os resultados não proporcionaram mais que uma informação qualitativa do problema.

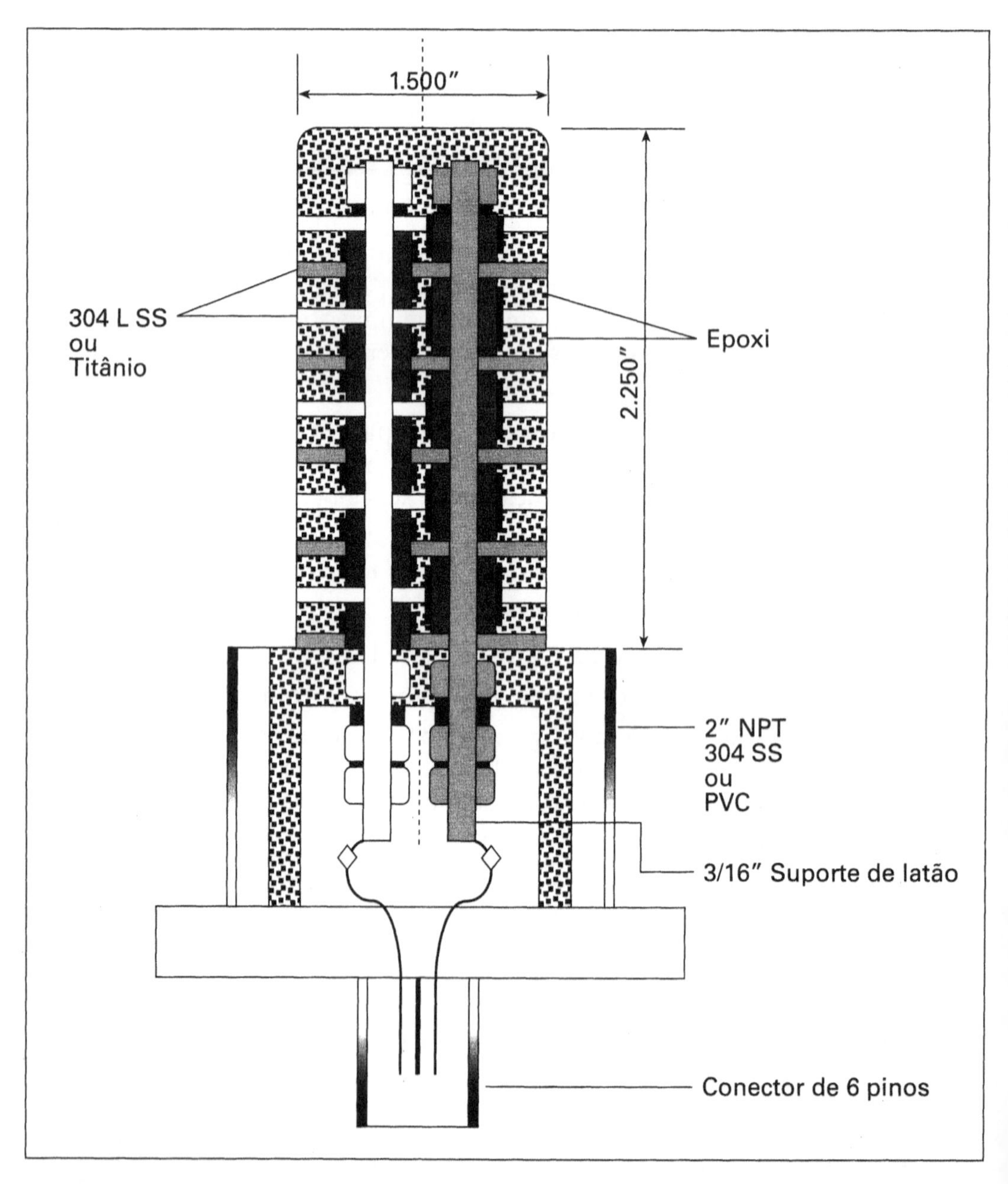

FIGURA 9-4 Sonda eletroquímica para monitoramento da biocorrosão e biofouling em tempo real. (de: Licina, G. J., "Monitoring biofilms on metallic surfaces in real time", CORROSION/2001, NACE International, Houston, TX, Paper Nº 01442, (2001), com permissão de NACE International, Houston, TX).

Para identificar o processo microbiológico responsável pelos danos de forma inequívoca, é necessário empregar simultaneamente diferentes dispositivos. E, a fim de processar a informação desses dispositivos, foram desenvolvidos o que se conhece como *sistemas inteligentes*. Estes consistem em programas de computação que processam os dados do sistema juntamente com os obtidos em laboratório, sobre a composição da água e a análise microbiológica, que são colocados pelo operador; essa informação deve ser posteriormente comparada com a base de dados do programa. Como resultado desse processo de análise, o programa deve ser capaz de propor soluções para os problemas existentes, fazer predições, sugerir possíveis ações, etc. (28).

Outro dispositivo para o monitoramento da biocorrosão e do biofouling em tempo real baseia-se no uso de uma sonda especial (29) que mede o efeito do biofilme sobre uma série de eletrodos de aço inoxidável, titânio ou outro metal resistente à corrosão (Fig. 9-4). Cada eletrodo é formado por uma série de discos idênticos. Um conjunto desses discos é polarizado com relação ao outro, mantendo a mesma polaridade 1 hora por dia. Durante o monitoramento, os eletrodos são conectados a um amperímetro de resistência zero, registrando-se os potenciais e as correntes de forma contínua. Qualquer aumento na corrente aplicada alerta imediatamente para a formação de biofilmes sobre o metal. Esse efeito não é observado na presença de depósito abióticos. Um dispositivo semelhante foi elaborado para monitorar de forma contínua a eficiência da cloração da água do mar usada em trocadores de calor (30). Nesse caso, emprega-se um par galvânico entre o tubo de aço inoxidável e os eletrodos de zinco.

BIBLIOGRAFIA

(1) Daley, R. J., Hobbie, J. E., *Limnol. Oceanogr.* **20**, 675, (1975).

(2) Zambon, J. J., Huber, R. F., Meyer, A. F., Slots, J., Fornalik, M. A., Baier, R. E., *Appl. Environ. Microbiol.* **48**, 1214, (1984).

(3) Horacek, G.,"Biocorrosion in the oilfield.1. Experimental, methods development, scanning electron microscopy technique. *Corrosion/88*, Paper No. 86, NACE International, Houston, TX, (1988).

(4) Wagner, P. A., Little, B. J., Ray, R. J., Jones-Meeham, J., "Investigations of Microbiologically Influenced Corrosion Using Environmental Scannig Electron Microscopy", *Corrosion/92*, Paper No. 185, NACE International, Houston, TX, (1992).

(5) Costerton, J. W., "Structure of Biofilms", em: *Biofouling and Biocorrosion in Industrial Water Systems*, G. G. Geesey, Z. Lewandowski, H. C. Flemming (eds.), p. 1, Lewis Publishers, Boca Raton, FL, (1994).

(6) Beech, I. B., *Int. Biodet. Biodegr.* **37**, 141, (1996).

(7) Chantereau, J., "Corrosion Bacterienne". Techniques et Documentation, 2nd ed. Paris, (1980).

(8) Videla, H. A., "Laboratory Methods and Formulations", em: *Manual of Biocorrosion*, p. 241, CRC Lewis Publishers, Boca Raton, FL, (1996).

(9) King, R. A., "Monitoring Techniques for Biologically Induced Corrosion", em: *Bioextraction and Biodeterioration of Materials*, C. C. Gaylarde, H. A. Videla (eds.), p. 271, Cambridge University Press, Cambridge, UK, (1995).

(10) Gaylarde, C. C., Leal Lino, A. R., "Como Identifical a Biocorrosao", em: *Manual Practico de Biocorrosão e Biofouling para a Industria*, M. D. Ferrari, M. F. L. de Mele, H. A. Videla (eds.) p. 27, CYTED, (1997).

(11) Alexander, M., "Most probable number method for microbial populations", em: *Methods of Soil Analysis, part 2: Chemical and Biological Properties*, C. A. Black (ed.), Amer. Soc. Agronomy, Madison, pp.1467, (1965).

(12) Gaylarde, C. C., *International Biodeterioration* **26**, 11, (1990).

(13) Postgate, J. R., "The sulphate-reducing bacteria", Cambridge University Press, Cambridge, (1984).

(14) Widdell, F., Pfenning, N., *Arch. Microbiol.* **129**, 395, (1981).

(15) Gaylarde, C. C., Cook, P. E., "Rapid methods for sulphate-reducing bacteria" em: *Biodeterioration 7,* D. R. Houghton, R. N. Smith, H. O. W. Eggins (eds.), p. 657, Elsevier, Barking, Essex, (1988).

(16) Bushnell, C. D., Haas, H. F., *Journal of Bacteriology* **41**, 654, (1941).

(17) Costerton, J. W., Geesey, G. G., Johns, P. A., *Mater. Perform.* **27**, 49, (1988).

(18) Characklis, W. G.,"Microbial Biofouling Control", em: *Biofilms*, W. G. Characklis, K. C. Marshall (eds.), p. 585, John Wiley & Sons, New York, (1990).

(19) Licina, G. J., Nekoksa, G., "Experience with on-line Monitoring of Biofilms in Power Plant Environments" *Corrosion/94*, Paper No. 257, NACE International, Houston, TX, (1994).

(20) Blackwood, D. J., de Rome, J. L., Oakley, D. L., Pritchard, A. M.,"Novel Sensors for on-site Detection of MIC" *Corrosion/94*, Paper No. 254, NACE International, Houston, TX, (1994).

(21) Dexter, S. C., Duquette, D. J., Siebert, O. W., Videla, H. A., *Corrosion* **47**, 308, (1991).

(22) Mansfeld, F., Little, B. J.,"The application of electrochemical techniques for the study of MIC. A critical review", *Corrosion/90*, Paper No, 108, NACE International, Houston, TX, (1990).

(23) Mansfeld, F., Xiao, H., "Development of Electrochemical Test Methods for the Study of Localized Corrosion Phenomena in Biocorrosion", em: *Biofouling and Biocorrosion in Industrial Water Systems*, G. G. Geesey, Z. Lewandowski, H. C. Flemming (eds), p. 265, Lewis Publishers, Boca Raton, FL, (1994).

(24) Wilkes, J. F., Silva, R. A., Videla, H. A., "Practical approach for monitoring biofilms, microbiological corrosion", em: *Proc. 52th Intern. Water Conf. IWC 91*, p.12, Pittsburgh, PA, (1991).

(25) Videla, H. A., Guiamet, P. S., Pardini, O. R., Echarte, E., Trujillo, D., Freitas, M. M. S., "Monitoring biofilms and microbiologically influenced corrosion in an oilfield water system", *Corrosion/91*, Paper No. 103, NACE International, Houston, TX, (1991).

(26) Videla, H. A., Bianchi, F., Freitas, M. M. S., Canales, C. G., Wilkes, J. F., "Monitoring biocorrosion and biofilms in industrial waters: a practical approach", em: *Microbiologically Influenced Corrosion Testing*, J. R. Kearns, B. J. Little (eds.), p.128, ASTM Publication STP 1232, Philadelphia, PA, (1994).

(27) Kame, R. D., Surinach, P., "A Field Study of Microbiological Growth and Reservoir Souring" *Corrosion/97*, Paper No. 208, NACE International, Houston, TX, (1997).

(28) Stokes, P. S. N., Winters, M. A., Zuniga, P. O., Schlottenmier, D. J.," Developments in On-Line Fouling and Corrosion Surveillance", em: *Microbiologically Influenced Corrosion Testing*, J.R. Kearns, B. J. Little (eds.), p. 99, ASTM Publication STP 1232, Philadelphia, PA, (1994).

(29) Licina, G. J., Nekoska, G., "On-line Monitoring of Microbiologically Influenced Corrosion in Power Plant Environments" *Corrosion/93*, Paper No. 297, NACE International, Houston, TX, (1993).

(30) Mollica, A., Traverso, E., Ventura, G., *Proc.11th Corros. Congr.*, p. 4341, Florence, Italy, (1990).

Capítulo 10

Prevenção e controle
Métodos físico-químicos e biocidas
Preservação ambiental

Prevenção e controle

A "regra de ouro" para se prevenir e controlar a biocorrosão e o biofouling nos sistemas industriais é *manter o sistema limpo*. Entretanto esse princípio básico poucas vezes pode ser aplicado, já que em geral, por falta de uma adequada compreensão dos processos de biocorrosão e biofouling, estes só são detectados quando ocorre forte contaminação, com perda de energia e eficiência do sistema ou falhas estruturais por corrosão do material.

A biocorrosão e o biofouling são causa de graves problemas em diversos sistemas industriais, tais como:

- circuitos de resfriamento (de circulação aberta ou fechada);
- linhas de injeção de água;
- tanques de armazenamento;
- sistemas de tratamento de águas residuais;
- filtros;
- tubulações de uso diverso;
- membranas de osmose reversa;
- instalações de distribuição de água potável, etc.

A natureza do biofouling varia não apenas quanto a seus constituintes microbianos, mas também em relação às características e proporções de seus componentes abióticos. Characklis (1) distingue quatro tipos de fouling:

- químico, produzido por reações químicas com participação do metal estrutural;
- de corrosão, proveniente da reação do substrato metálico com a fase líquida presente;
- particulado e de sedimentação, devido ao acúmulo de partículas sólidas transportadas pelo fluido; e
- de precipitação, que tem origem na precipitação de substâncias dissolvidas sobre as superfícies de metal.

Um depósito abiótico de precipitação muito freqüente em sistemas industriais é a incrustação ou *scaling*. Esse tipo de fouling ocorre quando a solubilidade das substâncias dissolvidas varia inversamente com a temperatura (por exemplo, $CaCO_3$) o que determina que a precipitação se produza sobre superfícies aquecidas.

Como os depósitos de biofouling ocorrem, na maioria dos sistemas industriais, juntamente com diversos tipos de fouling abiótico, na sua prevenção e controle devem-se considerar não só a atividade e o crescimento microbiano, mas também as condições físico-químicas da interface metal/solução e as reações químicas no seio do fluido circundante. No Cap. 2, descreveu-se como a interação entre o biofouling e os produtos inorgânicos do processo de corrosão condicionam o comportamento passivo do material estrutural.

Na prevenção e controle da biocorrosão e do biofouling em instalações industriais, é primordial um adequado acompanhamento das condições de operação do sistema em questão. Conseqüentemente, a avaliação das variáveis de origem biológica e inorgânica que participam do processo é fundamental para implementar medidas preventivas ou de controle. A adoção de uma estratégia de prevenção e controle efetiva requer, necessariamente, informação proveniente dos diversos dispositivos de monitoração descritos no capítulo anterior.

Na indústria, é conveniente prevenir os problemas microbiológicos, já que eliminá-los é custoso e difícil. A correta utilização dos equipamentos e sua limpeza regular contribuem para a otimização dos métodos de prevenção.

MÉTODOS FÍSICO-QUÍMICOS E BIOCIDAS

Nos métodos empregados para prevenir a biocorrosão, devemos considerar dois aspectos fundamentais:

- a inibição do crescimento ou atividade metabólica dos microrganismos; e
- a modificação das características do ambiente onde se desenvolve a corrosão, a fim de evitar a adaptação dos microrganismos no meio.

Convém assinalar que, na seleção do método de tratamento, é necessário considerar também as características do sistema: regime de funcionamento (aberto ou fechado), características da água (resfriamento ou injeção), geometria do sistema, materiais estruturais, etc.

Os métodos mais utilizados para prevenir e controlar a biocorrosão são: limpeza (química, mecânica) e utilização de biocidas.

LIMPEZA

Considerando-se que a limpeza está em geral voltada para a remoção de depósitos das superfícies metálicas de um sistema, do ponto de vista prático se consideram dois tipos principais de depósito:

- incrustações (*scaling*);
- sedimentos ou limo (*slime*).

Incrustações

Incrustações são depósitos cristalinos, duros, produzidos pela precipitação do material dissolvido, como carbonato, sulfato e silicato de cálcio. A formação das incrustações é função de diversas variáveis, como temperatura, concentração de espécies químicas incrustantes, pH, qualidade da água e condições hidrodinâmicas.

O carbonato de cálcio é talvez a incrustação mais comum em circuitos de resfriamento. Diversos métodos foram propostos para prevenir sua precipitação, apesar de todos estarem baseados na avaliação do equilíbrio termodinâmico do ácido carbônico, na alcalinidade corrigida pela temperatura e na concentração de ácidos dissolvidos (índice de estabilidade de Ryznar e índice de saturação de Langelier).

A precipitação do carbonato de cálcio é geralmente controlada por adição de ácidos ou compostos específicos, a fim de inibir sua formação ou modificar sua estrutura cristalina. Normalmente, por seu baixo custo, utiliza-se ácido sulfúrico e, em menor proporção, ácido clorídrico ou ácido sulfâmico.

O tratamento químico das incrustações também é empregado. Para tanto, um grupo de compostos de boa relação custo/eficiência são os polímeros de fosfatos inorgânicos (sais de pirofosfato, tripolifosfato e hexametafosfato). Outros compostos utilizados são os fosfonatos (AMP e HEDP), mais estáveis à hidrólise que os polifosfatos, e os polímeros orgânicos como os policarboxilatos (poliacrilatos, polimetacrilatos, polimaleatos e seus copolímeros). A adição dessas substâncias para controle das incrustações deve ser avaliada em função de sua compatibilidade com os biocidas para o controle da bioacumulação (biofouling) e com os inibidores de corrosão para preservar o estado passivo do metal.

Disso tudo pode-se inferir que o tratamento químico das águas de uso industrial é uma arte complexa em que se busca compatibilizar substâncias de diferentes composições, bem como diferente ação sobre o sistema, e que devem ser igualmente efetivas para controlar o fouling abiótico e o biofouling como forma segura de prevenir a biocorrosão.

Sedimentos

Os sedimentos ou limos são depósitos formados por material em suspensão que se acumula ou adere às superfícies metálicas. São exemplos lodo, óxidos metálicos, limo bacteriano, óleo, depósitos relacionados com o tratamento químico (fosfato de ferro) e contaminantes do processo. Os sedimentos são resultado de um fenômeno físico e em certos casos sua remoção pode ser necessária por filtração ou pelo uso de dispersantes, que mantêm as partículas suspensas.

Altas velocidades de fluxo (1,5 a 2,5 m/s) ajudam a desprender os sedimentos mais comuns, ao passo que velocidades baixas (menos de 0,5 m/s) contribuem para a deposição das substâncias em suspensão. Baixas velocidades são comuns em circuitos de resfriamento industrial.

Limpeza mecânica

Os métodos mecânicos de redução do fouling podem se basear no uso de filtros grossos (sistemas abertos), para a remoção de material particulado de grandes dimensões, ou filtros finos, para sistemas de recirculação aberta. É vantajosa a filtração em derivação quando a água de reposição contém uma significativa quantidade de material em suspensão ou elevados níveis microbianos.

A seleção do método de limpeza deve ser bastante rigorosa, já que em alguns sistemas há soldas e locais de difícil acesso. Áreas inacessíveis representam possíveis pontos de recontaminação do sistema e, com o tempo, podem originar células de corrosão por aeração diferencial.

A limpeza mecânica compreende qualquer método capaz de remover fisicamente o material depositado na superfície. Empregam-se, por exemplo, escovação, limpeza por *pigging* (envaretamento), esferas de limpeza, jatos d'água, etc., para remover lodo, escamas, incrustações, bem como as bactérias associadas a esses materiais. Veja no boxe os fatores que devem ser considerados na escolha de um procedimento de limpeza (2).

A limpeza mecânica pode ser usada para remover os depósitos associados à biocorrosão e, aplicada corretamente, é efetiva na eliminação da maioria dos depósitos biológicos e óxidos da superfície metálica. São utilizados vários métodos, que abrangem desde a limpeza com bolas de borracha, para tubos de trocadores de calor, *pigs* em tubulações de produção ou linhas de injeção, até o uso de jatos de alta pressão para impulsionar as partículas com grande velocidade, utilizando materiais como areia, granalha ou água. A limpeza mecânica também pode ser realizada com o uso de escovas, panos, esmeris ou formões.

A limpeza mecânica não substitui o tratamento de água e deve ser seguida por enxágües com água e agentes biocidas, para eliminar da superfície os microrganismos responsáveis pela biocorrosão. É importante considerar que o método escolhido garanta a remoção de qualquer depósito da superfície, pois, caso contrário, pode acelerar a formação de pites sob depósitos ou corrosão por aeração diferencial.

Critérios para a seleção de procedimentos de limpeza

- Identificação do material a remover
- Identificação da superfície metálica a limpar
- Avaliação das condições da superfície
- Grau de limpeza requerida
- Limitações derivadas da geometria do conjunto ou de um componente
- Impacto no ambiente
- Custo

Limpeza química

A limpeza química geralmente é aplicada depois da limpeza mecânica, sendo mais eficiente em espaços fechados e zonas de ataque localizado. Na limpeza química podem-se utilizar ácidos minerais, orgânicos e quelantes.

Ácidos minerais. Por exemplo, clorídrico, sulfúrico e sulfâmico. São usados com inibidores para diminuir o ataque dos agentes limpadores sobre o metal. Os ácidos fosfórico, crômico e nítrico também são utilizados sob determinadas especificações.

Ácidos orgânicos. Por exemplo, fórmico, acético e cítrico. Trata-se de ácidos fracos e menos corrosivos que os ácidos minerais, podendo ser utilizados em sistemas incompatíveis com inibidores ou que necessitem de sucessivas limpezas. Esses ácidos se associam aos íons dissolvidos e ajudam a eliminá-los.

Quelantes. São compostos orgânicos e inorgânicos que formam complexos com íons metálicos e dependem fortemente do pH. Como exemplo, podemos citar o ácido etilenodiaminotetracético (EDTA) e sua forma *n*-hidroxietilada (HEDTA), que são eficazes para remover óxidos de ferro e de cobre, mas são inadequados para limpar depósitos de carbonatos, fosfatos e incrustações.

A Tab. 10-1 fornece um resumo dos agentes utilizados na limpeza química em relação ao tipo de depósito a ser removido.

TABELA 10-1
AGENTES QUÍMICOS EMPREGADOS NA LIMPEZA DE DEPÓSITOS ABIÓTICOS

Agentes químicos	Depósitos				
	Carbonatos	**Fosfatos**	**Sulfetos**	**Óxidos de ferro**	**Óxidos de cobre**
Ácido sulfúrico	Não	Não	Não	Sim	Não
Ácido cítrico	Não	Não	Não	Sim	Não
Ácido clorídrico	Sim	Sim	Sim	Sim	Sim
Ácido sulfâmico	Sim	Não	Não	Não	Não
Ácido fosfórico	Sim	Não	Não	Sim	Não
Ácido fórmico	Sim	Sim	Não	Sim	Não
EDTA	Sim	Sim	Não	Não	Não

Não se aconselha a limpeza ácida para soldas em aços inoxidáveis, salvo os tratados termicamente ou recozidos em solução (2).

BIOCIDAS

Por excelência, o tratamento químico empregado no controle ou prevenção da biocorrosão em sistemas de águas industriais é aquele com biocidas. Estes consistem em compostos (ou misturas de compostos) capazes de matar os microrganismos ou eliminar o crescimento microbiológico. Podem ser inorgânicos, como cloro, ozônio e bromo, ou orgânicos, como as isotiazolinas, compostos de amônio quaternário, aldeídos como o glutaraldeído e a acroleína.

A desinfecção de qualquer sistema pelo uso de biocidas deve cumprir três funções principais: bactericida, fungicida e algicida. Resulta daí o conceito de polivalência dos biocidas. Determinado composto químico pode ser bactericida, mas não necessariamente fungicida ou algicida; da mesma forma, no que se refere a um mesmo grupo de bactérias ou fungos, o produto pode atuar sobre uma espécie e não necessariamente sobre outra.

A eficácia do biocida depende da natureza dos microrganismos a eliminar e da escolha das condições de operação do sistema a tratar. Recomenda-se, portanto, que os ensaios de laboratório sejam executados nas mesmas condições de operação do sistema, para se determinar o componente ativo mais apropriado — assim como a dose ótima — para o sistema a ser tratado.

Os requisitos mais importantes para um biocida de uso industrial estão resumidos no boxe abaixo.

Condições exigidas de um biocida em sistemas industriais

- Seletividade para os microrganismos a eliminar
- Capacidade de manter o efeito inibidor diante de outras substâncias presentes no meio em condições semelhantes às de operação
- Não ser corrosivo para os metais do sistema
- Apresentar adequada biodegradabilidade
- Ser seguro ao manuseio durante a utilização e a dosagem
- Baixo custo

A seguir, descrevemos os biocidas mais utilizados no controle microbiológico de águas de uso industrial, divididos em oxidantes e não-oxidantes.

Biocidas oxidantes

Os mais comuns são cloro, bromo, ozônio e peróxido de hidrogênio.

Cloro

É utilizado freqüentemente na forma gasosa, que hidrolisa em solução formando ácido hipocloroso (HClO) e clorídrico:

$$Cl_2 + H_2O = HOCl + HCl$$

O ácido hipocloroso é a espécie ativa e se dissocia em função do pH:

$$HOCl = H^+ + OCl^-$$

Em pH 7,5, as concentrações de ácido hipocloroso e seu íon são iguais. Em pH mais alcalino, o equilíbrio se desloca a favor do íon e, em pH = 9,5, todo o cloro se encontra como íon hipocloroso, de baixa ação biocida. Devido a esse equilíbrio sensível à variação do pH, o intervalo de 6,5 a 7,5 é considerado como ideal para a ação biocida do cloro, já que valores menores de pH poderiam acelerar a corrosão.

Tratamentos contínuos em concentrações de 0,1 a 2 mg/L são freqüentes, assim como tratamentos periódicos em concentrações entre 0,5 a 1,0 mg/L. O cloro é um excelente algicida e bactericida, apesar de se ter sido publicado (3) que a concentração efetiva do cloro diminui consideravelmente quando este deve penetrar em biofilmes bacterianos. Medidas com microeletrodos específicos permitiram determinar que a concentração de cloro dentro do biofilme é 20% daquela presente na solução em contato com este. Isso explica a resistência aos biocidas oxidantes desenvolvida por diversas espécies de BRS ou consórcios microbianos mistos.

Outras fontes de cloro são os sais do ácido hipocloroso, como o hipoclorito de sódio (NaOCl) ou de cálcio [$Ca(OCl)_2$], que atuam como cloro gasoso. O dióxido de cloro (ClO_2) é também usado como substituto do cloro gasoso, com a vantagem de não formar ácido hipocloroso e proporcionar uma relação custo/benefício mais vantajosa que o cloro em determinadas condições operacionais.

Bromo e derivados

Os compostos de bromo que formam ácido hipobromoso (HOBr) têm ação biocida eficaz num intervalo de pH mais amplo que o ácido hipocloroso. Em pH 7,5, estão presentes 90% do ácido hipobromoso (contra 50% de hipocloroso nesse pH), que baixa para 50% quando o valor do pH se eleva a 8,7 (contra 10% para o ácido hipocloroso nas mesmas condições).

Ozônio

Devido às restrições impostas nos últimos anos ao uso de biocidas tóxicos, motivadas pela crescente conscientização relacionada à preservação do meio ambiente, o ozônio pode ser considerado o biocida ideal, por suas características:

- alto poder oxidante, o que o torna efetivo contra a maioria das bactérias e biofilmes bacterianos presentes em sistemas industriais;
- concentração residual mínima, já que, com uma curta vida média, é consumido rapidamente após sua produção;
- baixa agressividade à maioria dos metais estruturais (inclusive aço-carbono), o que o torna não-corrosivo;
- capacidade antiincrustante, que, apesar de ainda não estar devidamente documentada, pode constituir uma vantagem adicional.

O crescente interesse no uso do ozônio como biocida em sistemas industriais deu origem a diversos estudos sobre sua eficácia e ação sobre depósitos de biofouling (4-6). Concentrações de 0,2 mg/L são eficazes para controlar um sistema com baixa contaminação orgânica. Pode-se generalizar que concentrações entre 0,01 e 0,05 mg/l são suficientes para evitar a formação de biofilmes. Para superfícies com depósitos biológicos, são necessárias concentrações entre 0,2 e 1,0 mg/L para desprender o biofouling. Um balanço entre as vantagens e desvantagens do uso de ozônio como biocida deve levar em consideração:

- a efetividade na substituição do cloro;
- o efeito sobre os materiais estruturais do sistema;
- a relação custo/benefício ao se substituir um tratamento biocida convencional.

Peróxido de hidrogênio

É econômico e relativamente estável. É também seguro, utilizado como ingrediente básico em produtos farmacêuticos (desinfetante cutâneo), em concentrações de até 30.000 ppm. Em aplicações em que a água fica em contato com os metais por um longo período de tempo, pode ser usado como agente para inibir o crescimento bacteriano do sistema e dosado entre 50 e 100 ppm.

Biocidas não-oxidantes

Vários produtos químicos podem ser empregados, entre os quais glutaraldeído, acroleína, compostos quaternários de amônio, isotiazolinas, etc. A utilização desses compostos deve obedecer à regulamentação ambiental, já que a maioria deles é tóxica. As características dos sistemas a tratar, os materiais de construção, as condições operacionais e o regime de fluxo determinarão o produto a ser usado e a melhor forma de dosagem.

Entre os biocidas não-oxidantes utilizados no controle microbiológico, além do glutaraldeído, dos compostos de amônio quaternário e das isotiazolinas, podemos citar também o sulfato de tetrakis(hidroximetil)fosfônio (THPS), todos descritos a seguir.

Glutaraldeído

Ingrediente ativo de uma grande variedade de biocidas comerciais empregados no controle de fungos, algas e bactérias (bactérias sulfato-redutoras, entre outras, e biofilmes bacterianos). Atua em amplos intervalos de pH e temperatura.

O grupo funcional aldeído reage com os constituintes das proteínas (como, por exemplo, os grupos: —OH, —NH_2, —COOH e —SH) nas membranas das células, na parede celular e no citoplasma. A concentração máxima permitida atualmente pela USEPA (United States Environmental Protection Agency) é de 50 ppm. O glutaraldeído é solúvel em água e insolúvel em óleo.

As formulações com glutaraldeído podem conter água, metanol, isopropanol ou combinações de ambos. Esses álcoois são adicionados com o propósito de melhorar a capacidade de penetração e para evitar congelamento durante a armazenagem.

Alguns produtos podem conter 2 a 5% de compostos quaternários de amônio, que favorecem a atividade biocida sob certas condições. O glutaraldeído é incompatível com substâncias alcalinas ou com ácidos fortes, mas reage com amoníaco e com substâncias contendo aminas. As aminas podem promover a polimerização exotérmica do glutaraldeído.

Os compostos quaternários de amônio são compatíveis com o glutaraldeído, porém alguns produtos à base de quaternários de amônio são formulados com outras aminas, podendo originar produtos incompatíveis. Por isso, é aconselhável realizar ensaios de compatibilidade antes de se usar o glutaraldeído.

Compostos de amônio quaternário

Os quaternários de amônio (quats) constituem uma classe de compostos catiônicos (carregados positivamente) que são usados como biocidas e inibidores de corrosão. Como biocidas, os quats atuam sobre as células dos microrganismos como detergentes e dissolvem os lipídeos, causando perda de material celular vital. As propriedades detergentes desses compostos fornecem proteção adicional contra a formação do material polissacarídeo produzido durante a colonização bacteriana.

Os biocidas com quaternários de amônio podem ser formulados com uma grande variedade de aditivos, como hidróxido de potássio, álcoois, água, etc. O álcool e a água são utilizados como solventes; e o álcool confere, ainda, algumas propriedades biocidas adicionais e maior capacidade de penetração.

Os quats são aplicados principalmente em sistemas fechados e em separadores gás/líquido e pouco utilizados em operações com óleo cru, já que podem afetar a permeabilidade dos leitos de produção. Os quats são incompatíveis com agentes oxidantes fortes como cloro, peróxidos, cromatos, percloratos e permanganato. A maioria dos quats é biodegradável e não requer desativação química após sua aplicação.

Isotiazolinas

Essas substâncias contêm enxofre, nitrogênio e oxigênio, e, em formulações de biocidas, normalmente são cloradas, metiladas e solúveis em água. As isotiazolinas são desativadas pelo H_2S, de forma que não se deve esperar bom controle microbiológico em meios contendo esse composto. As isotiazolinas são utilizadas em águas de injeção e em águas de resfriamento.

Na Tab. 10-3 são descritas as características dos biocidas usados normalmente para o tratamento de águas em sistemas industriais, bem como suas concentrações mais usuais.

THPS (sulfato de tetrakis(hidroximetil)fosfônio)

Composto novo, de amplo espectro biocida. Eficaz contra bactérias, fungos e algas, é usado na indústria petrolífera por dissolver o sulfeto de ferro; compatível com outros reagentes do tratamento de água, é de rápida e fácil determinação analítica em campo. De manipulação simples e de baixa toxicidade ambiental, degrada-se rapidamente, depois de eliminado, em produtos não-poluentes.

TABELA 10-3
PROPRIEDADES E CONCENTRAÇÕES USUAIS DOS BIOCIDAS EMPREGADOS EM SISTEMAS DE ÁGUAS INDUSTRIAIS

Biocida	Propriedades/concentrações usuais
Cloro	Efetivo contra bactérias e algas; oxidante; depende do pH; 0,1-0,2 mg/L (contínuo).
Dióxido de cloro	Efetivo contra bactérias, menos efetivo sobre algas e fungos; oxidante; não depende do pH; 0,1-1,0 mg/L.
Bromo	Efetivo contra bactérias e algas; oxidante; amplo intervalo de pH; 0,05-0,1 mg/L (contínuo).
Ozônio	Efetivo contra bactérias e biofilmes; oxidante; depende do pH; 0,2-0,5 mg/L
Metileno-bistiocianato	Efetivo contra bactérias; não-oxidante; hidrolisa acima de pH 8,0; 1,5-8,0 mg/L
Isotiazolinas	Efetivo contra bactérias, algas e biofilmes; não-oxidante; não depende do pH; 0,9-10,0 mg/L
Quats	Efetivo contra bactérias e algas; não-oxidante; tem ação tensoativa; 8,0-35,0 mg/L
Glutaraldeído	Efetivo contra bactérias, algas, fungos e biofilmes; não-oxidante; amplo intervalo de pH; 10,0-70,0 mg/L
THPS (sulfato de tetrakis (hidroximetil)fosfônio)	Efetivo contra bactérias, algas e fungos; baixa toxicidade ambiental; ação específica sobre as BRS; 10,0-50,0 mg/L (contínuo).

OUTROS MÉTODOS DE PREVENÇÃO E CONTROLE

Revestimentos

Constituem em geral um bom método de proteção, porém imperfeições podem ocasionar a formação de sítios preferenciais para ataque localizado.

As pinturas antifouling também são utilizadas como método de controle bacteriano, sendo adequadas nos casos em que não se podem utilizar biocidas (por exemplo, em sistemas abertos). Os revestimentos devem atender a dois requisitos básicos:

- não devem ser alterados por ataque bacteriano;
- não devem sofrer processos de degradação que produzam substâncias corrosivas.

Os revestimentos diminuem o macrofouling e podem eliminar alguns problemas de biocorrosão, como o número de bactérias que formam limo, já que as superfícies expostas têm baixa tensão superficial, tornando mais difícil a aderência bacteriana. Na prática, foram testados com bons resultados revestimentos do tipo *coal tar* (alcatrão de hulha) e de base epóxi, mas os resultados de superfícies cobertas com PVC não foram satisfatórios (7).

Seleção de materiais

Na seleção dos materiais, deve-se ter em conta o meio a que eles estarão expostos. Para os meios em que podem ocorrer problemas de biocorrosão, devemos selecionar materiais com maior resistência à formação de pites, à corrosão por frestas e ao ataque localizado em geral.

A seleção de materiais deve incluir os seguintes tópicos:

- revisão das condições de operação;
- revisão do projeto;
- seleção do material mais adequado;
- avaliação dos materiais;
- especificação da qualidade;
- monitoramento e inspeção.

Proteção catódica

É realizada pela aplicação de uma corrente externa na estrutura metálica a proteger, de forma tal que essa corrente se oponha à corrente da corrosão. Para tanto, o metal deve ser polarizado em um potencial pré-selecionado, dependendo o custo do método principalmente da magnitude da corrente a aplicar.

Como a proteção catódica aumenta localmente o pH da interfase metal/solução, devido à produção de hidroxila, ocorre uma conseqüente diminuição da solubilidade de compostos de cálcio e magnésio, favorecendo a precipitação de depósitos calcários. Estes diminuem a quantidade de corrente necessária para a proteção, sendo, portanto, benéficos do ponto de vista econômico.

A interação entre os depósitos calcários e o biofouling marinho foi estudada por Dexter (8) e Videla (9). Relatou-se que os biofilmes microbianos interagem, no início da proteção, com os depósitos inorgânicos, causando dois efeitos principais:

- modificação na estrutura e distribuição dos depósitos calcários;
- aumento da corrente necessária para se alcançar a proteção adequada, com conseqüente aumento de custo.

A proteção catódica pode ser eficaz em controlar o crescimento de biofilmes de bactérias aeróbicas em estruturas de aço-carbono imersas em água do mar, mas também pode favorecer o crescimento de biofilmes anaeróbicos de BRS (10). Assim, uma combinação adequada de proteção catódica e revestimento pode representar um sistema eficiente de proteção contra a biocorrosão, em especial quando se trata de proteger tubulações ou estruturas expostas à água do mar ou a solos potencialmente agressivos.

Outros métodos

Há outros métodos de se combater a biocorrosão, tais como:

- adequadas velocidades de fluxo (1 m/s);
- tratamento térmico;
- radiação ultravioleta;
- corrente elétrica;
- ultra-som;
- sistemas magnéticos;
- filtração.

É importante assinalar que a seleção do método depende do custo e de cada situação particular.

Ao se escolher um método de controle, deve-se sempre considerar que o melhor é manter o sistema limpo, sem esquecer que o termo "limpo" varia de acordo com as características do processo. Em geral, pode-se dizer que um sistema limpo é aquele que conta com um programa adequado de tratamento de água, de limpeza e de manutenção.

É aconselhável testar sempre o programa proposto nas condições o mais próximo possível das situações de operação. Esses ensaios podem indicar a efetividade relativa do tratamento e as perdas potenciais do sistema. Dessa forma, os ensaios devem utilizar os materiais e a água do sistema a ser avaliado.

Preservação ambiental

No mundo todo, há uma crescente mobilização para regular e controlar o uso indiscriminado de compostos químicos tóxicos, como os biocidas. Entre estes, muitos são de difícil degradação, permanecendo perigosamente no meio ambiente ou podendo, segundo suas propriedades físico-químicas, acumular-se em diversos substratos, contaminando zonas próximas (subsolo, águas subterrâneas, ar, etc.).

As entidades dedicadas à preservação ambiental têm variados objetivos e desenvolvem diferentes projetos. Os objetivos podem ser resumidos em (11):

- preservação do hábitat e das espécies;
- efeito estufa e camada de ozônio;
- água limpa e ar limpo;
- descarte e reciclagem.

Alguns desses objetivos estão vinculados a problemas de biocorrosão e biofouling.

O impacto da biocorrosão sobre o meio ambiente e seu tratamento com agentes tóxicos – como os biocidas – é negativo quando a concentração destes supera os limites aceitáveis, afetando o primeiro item (preservação do hábitat e das espécies). O impacto do controle da biocorrosão e do biofouling também pode ser negativo para o segundo item (efeito estufa e camada de ozônio), conforme as características tóxicas do material de tratamento descartado no ambiente.

A eliminação dos biocidas nos efluentes e sua reciclagem devem ser efetuadas com rigor e cuidado, já que esses compostos afetam a capacidade de degradação do efluente. Um exemplo é o pentaclorofenol, no passado amplamente utilizado em torres de resfriamento, pela eficácia no controle dos organismos causadores de biodeterioração. Seu uso foi interrompido devido ao impacto ambiental de seus resíduos, detectados em água potável, alimentos, no ar, etc.

Os requisitos para que um biocida seja aceitável do ponto de vista ambiental podem ser assim resumidos (12):

- ter alta especificidade sobre os organismos que causam biodeterioração, mas sem afetar as outras espécies;
- ser de fácil e seguro armazenamento e manipulação;
- ser biodegradável, com os produtos intermediários da degradação menos tóxicos que os originais;
- apresentar alto valor de DL 50 (dose letal média).

A busca de novos biocidas que reúnam esses requisitos, ou o uso de misturas de biocidas já existentes, pode ajudar nesse sentido. Outra alternativa para o controle químico da biocorrosão e do biofouling consiste num maior conhecimento das condições para otimizar o uso de biocidas aceitáveis, do ponto de vista ambiental, como o ozônio.

BIBLIOGRAFIA

(1) Characklis, W. G.,"Biofouling: Effects and Control" em: *Biofouling and Biocorrosion in Industrial Water Systems*, H. C. Flemming, G. G. Gessey (eds.), p. 7, Springer Verlag, Berlin, (1991).

(2) Borenstein, S. W., "Mitigation", em: *Microbiologically Influenced Corrosion Handbook*, chap. 8, p. 242, Industrial Press Inc., New York, (1994).

(3) De Beer, D., Srinivasan, R., Stewart, P. S., *Appl. Environ. Microbiol.* **60** (12), 4339, (1994).

(4) Rice, R. G., Wilkes, J. F.,"Fundamental Aspects of Ozone Chemistry in Recirculating Cooling Water Systems", *Corrosion/91*, Paper No. 205, NACE International, Houston, TX, (1991).

(5) Videla, H. A., Viera, M. R., Guiamet, P. S., Staibano Alais, J. C., "Combined action of oxidizing biocides for controlling biofilms and MIC", *Corrosion/94*, Paper No. 260, NACE International, Houston, TX, (1994).

(6) Banks Edwards, H., "Ozone Systems and Equipment" *Corrosion/91*, Paper No. 210, NACE International, Houston, TX, (1991).

(7) Videla, H. A., "Prevention, Control and Mitigation", em: *Manual of Biocorrosion*, chap. 8, p. 221, CRC Lewis Publishers, Boca Raton, FL, (1996).

(8) Dexter, S. C., Shiang-Ho Lin, *Intern. Biodet. Biodegr.* **29**, 231, (1992).

(9) Videla, H. A., Gómez de Saravia, S. G., de Mele, M. F. L., Hernández, G., Hartt, W., "The influence of microbial biofilms on cathodic protection at different temperatures", *Corrosion/93*, Paper No. 298, NACE International, Houston, TX, (1993).

(10) Guezennec, J., *Biofouling* **3**, 339, (1991).

(11) Meitz, A., "Environmental concerns and biocides", *Corrosion/91*, Paper No. 306, NACE International, Houston, TX, (1991).

(12) Videla, H. A., Guiamet, P. S., Viera, M.R., Gómez de Saravia, S. G., Gaylarde, C. C., "A comparison of the action of various biocides on corrosive biofilms", *Corrosion/96*, Paper No. 286, NACE International, Houston, TX, (1996).

PUBLICAÇÕES RECOMENDADAS

CLASSIFICAÇÃO DA BIBLIOGRAFIA

a) ***Livros:***

1. Booth, G. H., Microbiological Corrosion, Mills & Boon Limited, London, 61 pp., 1971.
2. Chantereau, J., Corrosion Bacterienne. Bacteries de la Corrosion, Technique et Documentation, Paris, 262 pp. 1980.
3. Rose, A. H. (ed.). Microbial Biodeterioration, Academic Press, London, UK, 516 pp., 1981.
4. Videla, H. A., Corrosao Microbiologica, Biotecnologia Vol. 4, Editora Edgard Blücher Ltda., São Paulo, Brasil, 65 pp., 1981.
5. Videla, H. A., Salvarezza, R. C., Introducción a la Corrosión Microbiológica, Biblioteca Mosaico, Librería Agropecuaria, Buenos Aires, 127 pp., 1984.
6. Allsopp, D., Seal, K. J., Introduction to Biodeterioration, Edward Arnold, London, UK, 136 pp., 1986.
7. Mittelman, M. W., Geesey, G. G. (eds.), Biological Fouling of Industrial Water Systems: A Problem Solving Approach, Water Micro Associates, San Diego CA, 357 pp., 1987.
8. Characklis, W. G., Marshall, K. C. (eds.), Biofilms, John Wiley & Sons, New York, 796 pp., 1990.
9. Kobrin, G. (ed.), A Practical Manual on Microbiologically Influenced Corrosion, NACE International, Houston, TX, 233 pp., 1993.
10. Kearns, J., Little, B. J. (eds.), Microbiologically Influenced Corrosion Testing, ASTM STP 1232, Philadelphia, PA, 297 pp., 1994.
11. Geesey, G. G., Lewandowski, Z., Flemming, H. C. (eds.), Biofouling and Biocorrosion in Industrial Water Systems, Lewis Publishers, Boca Raton, FL, 297 pp., 1994.
12. Borenstein, S. W. Microbiologically Influenced Corrosion Handbook, Industrial Press Inc., New York, 288 pp., 1994.
13. Gaylarde, C. C., Videla, H. A. (eds.), Bioextraction and Biodeterioration of Metals, The Biology of World Resources Series 1 (D. Allsopp, B. Flannigan, R. Colwell, series eds.) Cambridge University Press, Cambridge, UK, 1995.
14. Ferrari, M. D., de Mele, M. F. L., Videla, H. A., (eds.), Manual Practico de Biocorrosion y Biofouling para la Industria (*Espanhol*), CYTED, Madrid, España, 178 pp., 1995.
15. Heitz, E., Flemming, H-C., Sand, W. (eds.), Microbially Influenced Corrosion of Materials, Springer-Verlag, Berlin, 475 pp., 1996.

16. Videla, H. A., Manual of Biocorrosion, CRC Lewis Publishers, Boca Raton, FL, 273 pp., 1996.

17. Ferrari, M. D., de Mele, M. F. L., Videla, H. A., (eds.) Manual Pratico de Biocorrosão e Biofouling para a Indústria (*Português*), CYTED, Madrid, España, 177 pp., 1997.

18. Little, B. J., Wagner, P. A., Mansfeld, F., (eds.), Corrosion Testing Made Easy: Microbiologically Influenced Corrosion, NACE International, Houston, TX, 120 pp., 1997.

19. Ferrari, M. D., de Mele, M. F. L., Videla, H. A., (eds.), Practical Manual of Biocorrosion and Biofouling for Industry (*Inglês*), CYTED, Madrid, España, 178 pp., 1998.

20. Bryers, J. D. (ed.), Biofilms II. Process analysis and applications, Wiley Liss Incorporated, New York, 432 pp., 2000.

21. Videla, H. A., Herrera, L. K., (eds.), Prevención y Protección del Patrimonio Cultural Iberoamericano de los Efectos del Biodeterioro Ambiental, CYTED, Medellín, Colombia,184 pp., 2002.

22. Galan, E., Zezza, F., (eds.), Protection and Conservation of the Cultural Heritage of the Mediterranean Cities, A. A. Balkema Publishers, Lisse, Holanda, 675 pp., 2002.

23. Stoecker II, J. G., (ed.), A Practical Manual on Microbiologically Influenced Corrosion, Vol. 2, NACE International, Houston, TX, 2002.

b) Anais de congressos:

1. "Microbial Corrosion", The National Physical Laboratory and The Metals Society, NPL, The Metals Society, London, 127 pp., 1983.

2. "Biologically Induced Corrosion", The National Bureau of Standards and NACE International, NACE-8 Corrosion Conference Series (S.C. Dexter, ed.), Houston, TX, 363 pp., 1986.

3. "Biocorrosion", The Biodeterioration Society and French Microbial Corrosion Group, Biodeterioration Society Occasional Publication No. 5 (C.C. Gaylarde, L.H.G. Morton, eds.), Kew, Surrey, U.K., 156 pp., 1988.

4. "Microbial Problems in the Offshore Industry", The Institute of Petroleum, (E.C. Hill, J.L. Shennan, R.J. Watkinson, eds.), John Wiley & Sons, Chichester, UK, 257 pp., 1987.

5. "Microbially Influenced Corrosion and Biodeterioration", (N.J. Dowling, M.W. Mittelman, J.C. Danko, eds.), The University of Tennessee, Knoxville, TN, 547 pp., 1990.

6. "International Conference on Microbially Influenced Corrosion", NACE International and American Welding Society, (P. Angell, S.W. Borenstein, R.A. Buchanan, S.C. Dexter, N.J.E. Dowling, B.J. Little, C.D. Lundlin, M.B. McNeil, D.H. Pope, R.E. Tatnall, D.C. White, H.G. Ziegenfuss, eds.), 540 pp., 1995.

7. "Developments in Marine Corrosion", Trabalhos selecionados do 9th International Congress on Marine Fouling and Corrosion, 17-21/7/95, University of Portsmouth, UK, (S.A. Campbell, N. Campbell, F.C. Walsh, eds.), The Royal Society of Chemistry, Cambridge, UK, 200 pp., 1998.

c) Livros de Resumos de Workshops:

1. "Argentine-USA Workshop on Biodeterioration" / "Reunión de Trabajo Argentino-Estadounidense sobre Biodeterioro de Materiales", Proceedings (un volume em Inglés e outro em Espanhol) CONICET y NSF, INIFTA, La Plata, Argentina, 21-27/4/1985 (H. A. Videla, ed.), Aquatec Quimica S.A., São Paulo, Brasil, 278 pp., 1986.
2. "Structure and Function of Biofilms", Dahlem Workshop Report, Berlin, 27/11-2/12/1988, (W.G. Characklis, P.A. Wilderer, eds.), John Wiley & Sons, Chichester, UK, 387 pp., 1989.
3. "Biofouling and Biocorrosion in Industrial Water Systems", International Workshop on Industrial Fouling and Biocorrosion, Stuttgart, 13-14/9/1990. (H. C. Flemming, G. G. Geesey, eds.), Springer-Verlag, Berlin, Alemania, 220 pp., 1991.
4. "1°/2° Workshop Internacional sobre Aguas Industriales", 1er Workshop, 1/12/1987, Salvador, Bahia y 2do Workshop, 20/4/1988, Salvador, Bahia, 22/4/1988, São Paulo, Brasil, (F. Bianchi, ed.), Aquatec Química S.A. São Paulo, 66 pp., 1989.
5. "Microbial Corrosion - 1", 1st European Federation of Corrosion Workshop on Microbial Corrosion, Sintra, Portugal, 7-9/3/1988, (C.A.C. Sequeira, A.K. Tiller, eds.), Elsevier Applied Science, London, 461 pp., 1988.
6. "Microbial Corrosion - 2" , 2nd EFC Workshop, Sesimbra, Portugal, Marzo 1991 (C.A.C. Sequeira, A.K. Tiller, eds.), EFC Publication No. 8, London, 1991.
7. "Biocorrosion & Biofouling: Metal/Microbe Interactions". NSF-CONICET Workshop, 2-4/11/1992, Mar del Plata, Argentina, (H.A. Videla, Z. Lewandowski, R. Lutey, eds.), Buckman Laboratories International, Memphis, TN, 210 pp, 1993.
8. Little, B. J. (ed.), Proceedings of the Corrosion/2000 Research Topical Symposium on Microbiologically Influenced Corrosion, NACE Press, Houston, TX, 162 pp., 2002.

d) Números especiais de revistas científicas:

1. Número dedicado a Corrosion Microbiólogica:
   Revista Iberoamericana de Corrosión y Protección, vol. XVII (H.A. Videla, ed.), 1986.
2. Número dedicado a Microbially Influenced Corrosion:
   International Biodeterioration & Biodegradation, vol. 29 (3-4) (H.A. Videla, C.C. Gaylarde, eds.), 1992.
3. Número dedicado a Marine Fouling and Corrosion:
   Biofouling, vol. 7 (2) , (R.G.J. Edyvean, H.A. Videla, eds.), 1993.
4. Trabalhos apresentados no 10th International Congress on Marine Corrosion and Fouling, University of Melbourne, fevereiro 1999: Biofouling, vol. 15 (1-3), (M.E. Callow, P. Steinberg, eds.), 2000.
5. International Biodeterioration, Special Issue, Biodeterioration of the Cultural Property, vol. 28 (1-4) (Guest Editor: R.J. Koestler) Elsevier Applied Science, 1991.

6. International Biodeterioration & Biodegradation, Special Issue, Biodeterioration of Cultural Property 2, Parte 1, vol. 46 (3) (Guest Editors: R.J. Koestler, F.E. Nieto-Fernández, E. May), 2000.
7. International Biodeterioration & Biodegradation, Special Issue, Biodeterioration of Cultural Property 2, Parte 2, vol. 46 (4) (Guest Editors: R.J. Koestler, F.E. Nieto-Fernández, E. May), 2000.
8. The Science of the Total Environment, Special Issue, The Deterioration of Monuments (C. Saiz-Jiménez, ed.), vol. 167, 1 May 1995
9. Trabalhos apresentados no International Symposium on Marine Biofouling, University of Portsmouth, julio 1999:
Biofouling. vol. 16, (2-4) (A.S. Clare, L.V. Evans, eds.), 2000.

e) Sites na internet:

1. http://www.cyted.org (Programa CYTED)
2. http://www.cyted.org.ar/biocorr (Red Temática XV-C CYTED, BIOCORR).
3. http://www.cyted.org.ar/preservar (Red Temática XV-E CYTED, PRESERVAR)
4. http://www.nace.org (NACE International, Houston, TX).
5. http://www..gbhap.com (revista *Biofouling*).
6. http://www.elsevier.nl (revista *International Biodeterioration & Biodegradation*).

f) Endereços eletrônicos:

1. preservar@yahoogroups.com
2. coalition@irnase.csic.es

GLOSSÁRIO

A

Abiótico Processo ou fenômeno em que não há participação de microrganismos.

Aeróbico Processo que ocorre em presença de oxigênio ou em ambientes oxigenados.

Aeróbio Organismo que requer oxigênio como receptor de elétrons em seu metabolismo.

Aeróbio facultativo Organismo que pode viver tanto em presença como em ausência de oxigênio.

Algas Grupo de microrganismos eucariotes fotossintéticos.

Anaeróbio Organismo capaz de se desenvolver em ausência de oxigênio.

Ânodo Eletrodo de uma célula eletroquímica onde ocorre a reação de oxidação. Nesse eletrodo tem lugar o processo de dissolução metálica (corrosão); os íons metálicos entram na solução e os elétrons liberados são conduzidos pelo circuito externo para o cátodo, onde são utilizados no processo de redução.

Ataque sob depósitos Corrosão que ocorre sob depósitos numa superfície metálica onde se originam condições de aeração diferencial.

Autótrofo Organismo capaz de empregar anidrido carbônico como única fonte de carbono para seu metabolismo. *Ver também* "Heterótrofo".

B

Bactérias Grupo de microrganismos procariotes caracterizados por estar recobertos por membrana celular e carentes de núcleo diferenciado.

Bactérias do ferro *ver* "Ferrobactérias".

Bactérias redutoras de sulfato *ver* "BRS".

Biocida Composto tóxico capaz de deter ou retardar o crescimento microbiano.

Biocorrosão Corrosão causada por agentes biológicos. *Ver também* "Corrosão influenciada microbiologicamente.

Biodegradável Qualquer substância que pode ser transformada em outra por agentes biológicos.

Biodegradação Processo biológico pelo qual uma substância é transformada em outra independentemente da magnitude da mudança.

Biofilme Matriz gelatinosa de material polimérico extracelular de natureza polissacarídea, com alto conteúdo de água (95% em massa, aproximadamente), células microbianas e detritos inorgânicos.

Biofouling Acumulação de depósitos biológicos sobre uma superfície sólida, metálica ou não. Sinônimos: bioacumulação e biodepósito.

Biorremediação Processo no qual se usam agentes biológicos, geralmente microrganismos, para eliminar ou diminuir a presença de substâncias tóxicas em resíduos ou ambientes contaminados.

Biotransformação Processo de bioconversão realizado por organismos, em que as moléculas são transformadas em outras estruturalmente relacionadas.

BRS Bactérias redutoras de sulfato. Microrganismos que reduzem metabolicamente o sulfato a sulfeto por meio da enzima hidrogenase.

C

Cátodo Eletrodo de uma célula eletroquímica onde ocorre o processo de redução. Os elétrons liberados pela reação de oxidação no ânodo fluem pelo circuito externo para o cátodo, onde são utilizados na reação de redução.

Célula de aeração diferencial Célula galvânica em que a força eletromotriz tem origem nas diferenças de concentração de oxigênio no eletrólito.

Célula de concentração Célula galvânica em que a força eletromotriz tem origem nas diferenças de concentração de um determinado componente do eletrólito (por exemplo, oxigênio dissolvido, íons ferro, etc.).

Célula eletroquímica Sistema eletroquímico constituído por um ânodo e um cátodo unidos por um condutor elétrico e imersos em uma solução condutora de eletricidade (eletrólito). O ânodo e o cátodo podem ser constituídos por diferentes metais ou por diferentes áreas na mesma superfície metálica.

Cepa População de microrganismos geneticamente idênticos.

Colônia Microrganimos que crescem em um meio sólido, tendo origem numa única célula.

Contaminante Qualquer material indesejável presente em um meio.

Corrosão Dissolução de um metal em contato com um meio agressivo. A reação de corrosão é um processo eletroquímico anódico; elétrons são liberados (oxidação) e o substrato se dissolve na forma de cátions, passando para o eletrólito.

Corrosão galvânica Corrosão relacionada ao contato entre dois metais diferentes num mesmo eletrólito.

Corrosão generalizada Forma de corrosão distribuída uniformemente sobre uma superfície metálica. Sinônimo: corrosão uniforme.

Corrosão microbiológica Corrosão causada ou acelerada por microrganismos ou seus metabólitos. Sinônimos: biocorrosão, corrosão influenciada microbiologicamente (CIM).

Corrosão por pites Corrosão localizada em que a área anódica acha-se confinada a uma pequena área da superfície que se dissolve ativamente, originando pequenos buracos ou cavidades que podem rapidamente atravessar a espessura metálica. Em inglês, *pitting*.

Corrosão por frestas Corrosão localizada que tem lugar em regiões de difícil acesso da superfície metálica; por exemplo, em juntas metálicas. Em inglês, *crevice corrosion*.

Corrosão por estresse Fratura de metais, comumente dúcteis, causada pelo efeito de um ambiente corrosivo; inclui as seguintes variedades corrosão por fadiga (por esforço repetitivo) e fragilização por hidrogênio (por permeação de hidrogênio no metal). Em inglês, *stress corrosion cracking* (SCC).

Crevice corrosion *ver* "Corrosão por frestas".

D

Despolarização Remoção dos fatores que retardam a passagem de corrente elétrica, em uma célula galvânica.

Dessulfovibrio Um dos gêneros mais comuns de bactérias anaérobicas redutoras de sulfatos; reduzem o sulfato a sulfeto, bissulfeto ou hidrogênio sulfetado pelo processo de redução desassimiladora, no qual atua a enzima hidrogenase.

E

Eletrólito Solução condutora, numa célula eletroquímica, contendo íons, os quais migram por efeito do campo elétrico.

Enzima Catalisador biológico de natureza protéica que acelera reações metabólicas específicas dos organismos.

Erosão Desgaste de um material por abrasão, geralmente causada pelo fluxo de um líquido, e acelerado pela presença de partículas sólidas no mesmo.

Espécie Coleção de cepas intimamente relacionadas.

Estéril Livre de organismos vivos.

Esporo Estrutura de resistência dos microrganismos; assume diversos nomes segundo sua localização celular (por exemplo, endoesporas, exoesporas, etc.).

Eucariote Célula ou organismo que possui núcleo verdadeiro.

Exopolímero Material extracelular de tipo mucilaginoso que define a forma dos microrganismos e serve para aprisionar material particulado. O MPE de natureza exopolissacarídica é um dos principais constituintes do biofilme.

F

Facultativo Organismo capaz de crescer em presença ou ausência de um fator ambiental como, por exemplo, oxigênio.

Fermentação Oxidação de compostos orgânicos na ausência de um receptor externo de elétrons.

Ferrobactérias Alguns dos grupos de bactérias que oxidam o ferro como fonte de energia. O ferro oxidado, geralmente sob a forma de hidróxido, é depositado no ambiente por excreções bacterianas ou incluído na formação celular (por exemplo, vainas). Sinônimo: bactérias de ferro.

Ferrugem Produtos de corrosão do ferro constituídos principalmente por óxidos ou hidróxidos de ferro. É um termo aplicado somente para o ferro ou ligas ferrosas.

Flagelo Órgão presente em algumas células procariotes e eucariotes para sua mobilidade em meios líquidos.

Fotoautótrofo Organismo autótrofo que obtém energia a partir da luz.

Fotossíntese Processo de conversão da energia luminosa em energia química. Esta pode, posteriormente, ser utilizada na formação de componentes celulares a partir do anidrido carbônico.

Fouling Termo que denomina o depósito de sujeira biológica ou abiótica por acumulação de material particulado sobre uma superfície.

Fungos Extenso grupo de microrganismos eucarióticos incolores.

G

Gene Unidade hereditária constituída por segmentos de ácido desoxirribonucléico (DNA) específicos e contendo proteínas ou cadeias polipeptídicas.

Gênero Grupo de espécies geneticamente relacionadas.

Genótipo Composição genética dos organismos.

Germicida Substância que mata ou inibe o crescimento de microrganismos.

H

Hábitat O ambiente natural de um (micro) organismo.

Halófilo Microrganismos que requer sal (geralmente, cloreto de sódio) para seu crescimento.

Heterótrofo Organismo que obtém carbono a partir de compostos orgânicos.

I

Impacto ambiental Qualquer alteração no ambiente que afete positiva ou negativamente a qualidade de vida.

Incrustações Depósitos de compostos insolúveis em água (geralmente de cálcio ou magnésio) sobre uma superfície metálica. Em inglês, *scaling*.

Inóculo Material biológico usado para iniciar uma cultura microbiana.

L

Liquens Associações de algas e fungos que geralmente formam estruturas semelhantes às plantas.

Lise Ruptura de uma célula, resultando na perda de material celular.

M

Material polimérico extracelular (MPE) Material polissacarídico altamente hidratado, segregado pelos microrganismos para aderência a outras células ou substratos, através da formação de biofilmes. *Ver* "Exopolímero".

Mesófilos Microrganismos que crescem à temperatura ambiente.

Metabolismo Conjunto de reações que transformam moléculas orgânicas nutritivas; é catalisado por enzimas específicas.

Metabólito Composto produzido pelo metabolismo microbiano.

MEV Microscopia eletrônica de varredura.

Micélio Conjunto de hifas de um fungo.

Micróbios Organismos microscópicos.

Microbiocida Substância química capaz de matar os microrganismos.

Micrometro A milionésima parte de 1 m. É a unidade de medida mais utilizada para medir microrganismos; símbolo: µm. No passado, dizia-se *micra*.

Microrganismos Representantes unicelulares do reino animal ou vegetal relacionados estruturalmente. Em geral são invisíveis a olho nu, com dimensões entre 1 e 200 µm.

Mineralização Conversão total dos compostos orgânicos em biomassa, anidrido carbônico, água e sais minerais.

MPE *ver* "Material polimérico extracelular".

N

Nitrificação Conversão do amoníaco em nitrato.

NMP *Ver* "Número mais provável".

Núcleo Estrutura celular delimitada por uma membrana; contém o material genético (DNA) estruturado em cromossomos.

Número mais provável (NMP) Expressão estatística que proporciona uma medida do número de células em uma população microbiana.

Nutrientes Substâncias, provenientes do meio ambiente, absorvidas pelas células e utilizadas nas reações metabólicas.

O

Obrigado Termo utilizado para descrever o metabolismo restrito a um tipo de fator ambiental (exemplo: aeróbio obrigado).

Oxidação Processo pelo qual um composto cede elétrons. Tem lugar no ânodo da célula galvânica, onde ocorre a oxidação, que cede os elétrons para a reação de redução do cátodo. O processo de corrosão é anódico, reação de oxidação, ocorrendo a dissolução do metal em íons, que se transferem à solução.

P

Passivação Redução da velocidade de corrosão devido à formação de um filme protetor sobre a superfície metálica.

Persistente Resistente à biodegradação em diferentes condições experimentais.

Pites Ataque localizado caracterizado pela formação de pequenas concavidades na superfície metálica, que rapidamente podem atravessar a espessura da peça. Em inglês, *pitting*. *Ver também* "Corrosão por pites".

Plânctonicos Microrganismos que se deslocam em um fluxo de água sem aderir às superfícies nele imersas.

Polarização Mudança imposta no potencial de um metal devido à aplicação de uma corrente.

Polarização catódica Mudança do potencial de eletrodo em direção negativa (ativa) pelo fluxo de corrente.

Potencial de corrosão (E_c) O potencial de um metal em processo de corrosão, em um meio agressivo. É medido em relação a um potencial de referência (por exemplo, calomelano). Também denominado "potencial de circuito aberto" ou "potencial de repouso".

Potencial de pites (E_p) Termo geralmente usado para denominar o potencial do metal quando se inicia o processo de formação de pites sobre uma superfície. Seu valor depende da técnica empregada na medição; por exemplo, o potencial de quebra da passividade (E_r) é o valor do potencial onde a curva de polarização anódica apresenta um incremento da corrente por causa da ruptura do filme passivo, dando início ao processo de formação de pites.

Procariote Microrganismos que carecem de núcleo verdadeiro, apresentando o DNA em uma única molécula (por exemplo, bactérias).

Proteção catódica (P_c) Redução da velocidade de corrosão de um metal por deslocamento de seu potencial para um potencial mais redutor, através da aplicação de uma força eletromotriz externa (ânodo de sacrifício ou corrente externa).

R

Redução Processo que ocorre no cátodo de uma célula galvânica, onde são consumidos os elétrons liberados no ânodo.

Respiração celular Oxidação de compostos orgânicos, atuando o oxigênio molecular como receptor de elétrons.

Ribossoma Formação citoplamática, composta por ácido ribonucléico (RNA) e proteína, que forma parte do mecanismo de síntese de proteínas das células.

S

Séssil Organismo aderido a uma superfície sólida.

Simbiose Relação benéfica, proveniente da associação de dois microrganismos.

Slime Termo inglês que designa material extracelular, de composição variável, produzido por alguns microrganismos e que causa o biofouling (biodepósito).

***Stress corrosion cracking* (SCC)** *ver* "Corrosão por estresse".

Substrato Composto que experimenta uma reação metabólica com uma enzima.

Sulfato-redutoras *ver* "BRS".

T

TDC Teoria de Despolarização Catódica.

Termófilo Microrganismo capaz de crescer em temperaturas superiores a 50°C (122 F).

Tempo de geração Tempo necessário para que uma população microbiana dobre em número.

Tubérculo Excrescência sobre superfícies metálicas (geralmente de ferro) constituídas por produtos de corrosão e microrganismos.

V

Velocidade de corrosão Velocidade da reação anódica de dissolução metálica; pode ser expressa como perda de massa por unidade de superfície, velocidade de penetração de uma espessura por unidade de tempo ou densidade de corrente por unidade de área.